Lecture Notes in Mathematics

Edited by A. Dold and B. Eckmann

637

W. B. Jurkat

Meromorphe Differentialgleichungen

Springer-Verlag
Berlin Heidelberg New York 1978

Author
W. B. Jurkat
Universität Ulm
Abteilung für Mathematik V
Oberer Eselsberg
7900 Ulm

Library of Congress Cataloging in Publication Data

Jurkat, W B 1929-
Meromorphe Differentialgleichungen.

(Lecture notes in mathematics ; 637)
"Entstanden aus einer Vorlesung ... im Sommersemester 1977 in Ulm."
Includes bibliographical references and index.
1. Differential equations, Partial. 2. Functions, Meromorphic. 3. Invariants. I. Title. II. Series: Lecture notes in mathematics (Berlin) ; 637.
QA3.L28 no. 637 [QA374] 510'.8s [515'.353]
78-1497

AMS Subject Classifications (1970): 34 A 20

ISBN 3-540-08659-5 Springer-Verlag Berlin Heidelberg New York
ISBN 0-387-08659-5 Springer-Verlag New York Heidelberg Berlin

Printing and binding: Beltz Offsetdruck, Hemsbach/Bergstr.
2141/3140-543210

Vorwort

Diese Lecture Notes entstanden aus einer Vorlesung über Meromorphe Differentialgleichungen, die ich im Sommersemester 1977 in Ulm hauptsächlich vor Kollegen gehalten habe. Das Ziel der Vorlesung war die Darstellung einer allgemeinen Invariantentheorie, durch die die Singularitäten der Lösungen charakterisiert werden können. Die meisten Ergebnisse sind neu und stellen den Abschluß einer längeren Entwicklung dar, an der die Herren Peyerimhoff, Lutz und Balser beteiligt waren.

Mein Vorlesungsmanuskript wurde von Herrn Balser völlig überarbeit und an verschiedenen Stellen verbessert.
Herr Lutz hat das Manuskript auch völlig durchgesehen und die Literatur zusammengestellt.
Verschiedene Bemerkungen kamen auch aus dem Zuhörerkreis.
Ohne Mithilfe meiner Freunde und Mitarbeiter hätten diese Notes nicht entstehen können.

Die Schreibarbeiten wurden mit großer Sorgfalt und Geduld von Frau Lorenz ausgeführt.

Die Forschungsarbeiten von Herrn Lutz und mir wurden zum Teil von der National Science Foundation unterstützt.

Jurkat, Ulm im Juli 1977

INHALTSVERZEICHNIS

1. Einleitung

a) Formulierung des Problemkreises:

Gegenstand der Vorlesung sind lineare homogene Dgl-Systeme, deren Koeffizientenmatrix aus Funktionen besteht, die in einer Umgebung des Punktes $z = \infty$ regulär sind, bei $z = \infty$ selbst aber einen Pol haben dürfen. Solche Dgl-Systeme sollen im folgenden kurz meromorph heißen.

Beispiel: Sei

$$(1) \qquad x'(z) = a(z)\, x(z)$$

eine Dgl 1. Ordnung, wobei $a(z)$ regulär ist für $0 \leq a < |z| < \infty$, polartig bei $z = \infty$; somit $a(z) = p(z) + g(z^{-1})$, und $p(z)$ ist ein Polynom in z, während $g(z^{-1})$ eine für $a < |z| \leq \infty$ konvergente Potenzreihe in z^{-1} bezeichnet. (Solche Funktionen nennen wir kurz meromorph bei $z = \infty$). Wie üblich zeigt man, daß für $x \neq 0$ eine Lösung der Dgl die Form hat:

$$\log x(z) = q(z) + \lambda \log z + h(z)$$

oder

$$x(z) = f(z)\, z^{\lambda}\, e^{q(z)},$$

wobei $q(z)$ ein Polynom in z ohne konstantes Glied, λ eine komplexe Konstante und $h(z)$, $f(z)$ holomorphe Funktionen und $f(z) \neq 0$ für $a < |z| \leq \infty$.

Umgekehrt erfüllt jede solche Funktion eine meromorphe Dgl 1. Ordnung. Charakteristisch für die Lösungen bei $z = \infty$ ist also die Form ihrer Singularität: Die einzig möglichen Typen sind von der Form $z^{\lambda} e^{q(z)}$, und diese kommen auch alle vor. Die wesentlichen Singularitäten sind (abgesehen von der womöglich mehrdeutigen Potenz) die Funktionen $e^{q(z)}$.

Allgemeiner stellt sich die Frage nach dem Typ der Singularitäten von Lösungen einer meromorphen Dgl n-ter Ordnung ($n \geq 1$)

$$(2) \qquad x^{(n)} + a_1(z)\, x^{(n-1)} + \ldots + a_n(z)\, x = 0,$$

$$a_j(z) \text{ meromorph bei } z = \infty \quad (1 \leq j \leq n).$$

Hier treten die einfachsten nichtelementaren Funktionen als Lösungen auf, deren Singularität bei $z = \infty$ nicht von dem obigen Typ ist, und die man häufig auch als "transzendente" Funktionen bezeichnet. Diese zu bestimmen und im Zusammenhang zu erklären, ist eine Aufgabe von grundsätzlicher Bedeutung. Sie führt nicht bloß zu einem funktionentheoretischen Verständnis der Lösungen von (2), sondern auch zu ihrer praktischen Berechnung in der Nähe von $z = \infty$.

Da sich die Gleichung (2) in bekannter Weise in ein System von Differentialgleichungen 1. Ordnung verwandeln läßt, liegt die Verallgemeinerung der Fragestellung auf Systeme nahe: Gegeben sei ein lineares homogenes Dgl-System 1. Ordnung

(3) $X' = A(z)\,X,$

wobei A(z) in der Nähe von $z = \infty$ eine konvergente Entwicklung der Form

(4) $$A(z) = z^{r-1} \sum_{k=0}^{\infty} A_k z^{-k}$$

(mit konstanten nxn-Matrixen A_k, $A_0 \neq 0$ und r ganz) besitzt. Die Konvergenz ist elementweise zu verstehen, r heißt Poincaré'scher Rang.

b) Fundamentalmatrix und Monodromiematrix

Nehmen wir an, die Entwicklung (4) konvergiere für $0 \leq a < |z| \leq \infty$. Dann gibt es nach bekannten Existenzsätzen für $< a|z|\infty <$ n linear unabhängige Vektorlösungen. Wir fassen diese zu einer Fundamentalmatrix zusammen und nennen diese wieder X. Dann ist $\det X \neq 0$ für $a < |z| < \infty$. Die Matrix X besteht aus Funktionen, die in jedem Punkt z mit $a < |z| < \infty$ regulär und beim Umlauf um $z = \infty$ unbegrenzt analytisch fortsetzbar, aber eventuell nicht eindeutig sind. Die allgemeine Vektorlösung hat die Gestalt Xc, c konstanter Vektor; die allgemeine Fundamentalmatrix hat die Gestalt XC, C konstante Matrix mit $\det C \neq 0$. Es folgt, daß X bei einem pos. Umlauf um $z = \infty$ (d.h. bei positivem Umlauf um $z = 0$ entlang einer Kurve, die ganz im Gebiet $\{z : a < |z| < \infty\}$ verläuft) einen solchen rechtsseitigen Faktor aufnimmt.

Jede konstante, invertierbare Matrix C läßt sich schreiben als

$$C = e^L = \sum_{k=0}^{\infty} \frac{L^k}{k!}$$ mit einer geeigneten (konstanten) Matrix L:

Da mit C auch sofort für jede zu C ähnliche Matrix eine solche Darstellung möglich ist, kann zum Beweis C als Jordanmatrix, ja sogar als einzelner Jordanblock angenommen werden, also $C = \lambda I + N$ mit $\lambda \neq 0$, N nilpotent. Dann kann man

$$L = \log C = (\log \lambda)\, I + \log\left(I + \frac{N}{\lambda}\right)$$

$$= (\log \lambda)\, I + \sum_{k=1}^{\infty} \frac{(-1)^{k-1}}{k} \left(\frac{N}{\lambda}\right)^k$$

setzen. Da die Summe endlich ist und die Terme kommutieren, kann man wie bei gewöhnlichen Zahlen rechnen. Die Matrix L ist nicht eindeutig bestimmt, zum Beispiel führen verschiedene Bestimmungen von $\log \lambda$ zu verschiedenen Möglichkeiten für L. (Aber jede Matrix der Form e^L ist invertierbar, ihr Inverses ist e^{-L} und $\det e^L = \exp(\operatorname{Spur} L)$, wie man sieht, wenn L in Normalform gebracht worden ist, da diese dreieckig ist).

Allgemeiner gelten Spektralformeln der Art $f(C) = \sum f_k C_k$, vgl.[11, S. 1o4] ; ist C dreieckig, so sind es die C_k und f(C) auch.

Es ist wichtig, die Matrix-Potenz $z^M = e^{M \log z}$ für eine beliebige konstante nxn-Matrix M zur Verfügung zu haben; sie hängt von der Festlegung von log z ab und definiert für $0 < |z| < \infty$ eine invertierbare, reguläre Matrixfunktion, die aber möglicherweise mehrdeutig ist.

Bei einem positiven Umlauf um $z = \infty$ (oder auch $z = 0$) nimmt sie den (rechtsseitigen) Faktor $e^{2\pi i M}$ auf. Nimmt X den Faktor C auf und wird M so bestimmt, daß $C = e^{2\pi i M}$ gilt, so wird

$$X(z)\ z^{-M} = E(z)$$

eine eindeutige Funktion in $a < |z| < \infty$, die aber womöglich für $z = \infty$ wesentlich singulär ist. Jedenfalls läßt sich die Fundamentalmatrix X(z) immer in der Form

$$X(z) = E(z)\ z^{M}$$

schreiben, wobei die Matrixpotenz die Art der Vieldeutigkeit (bei Umläufen um ∞) beschreibt. M heißt Monodromiematrix, ist der Dgl aber nicht eindeutig zugeordnet. Da $E(z) z^{M} C = EC\ z^{M_1}$ mit $M_1 = C^{-1}MC$, C invertierbar, eine andere Fundamentalmatrix ist, läßt sich die Monodromiematrix immer auf Jordan-Normalform bringen; außerdem lassen sich die Eigenwerte mod 1 abändern und die entsprechenden z-Potenzen mit E(z) zusammenfassen.

c) Regulär-singuläre und irregulär-singuläre Dgln:

Ist in obiger Zerlegung von X(z) der Faktor E(z) höchstens polartig bei $z = \infty$, nennen wir X(z) regulär-singulär, andernfalls irregulär-singulär. Da $X(z)\ C = EC\ z^{C^{-1}MC}$ stets dieselbe Eigenschaft wie X(z) hat, ist dieses Verhalten von X(z) eine Eigenschaft der Dgl. Die möglichen Typen der wesentlichen Singularitäten von E zu beschreiben, ist eine der Hauptaufgaben der allgemeinen Theorie. Es wäre angenehm, die regulär-singulären Fälle leicht erkennen zu können.

Dazu benutzen wir die (Operator -) Norm $\|X(z)\|$, d.h. die Norm der linearen Abbildung $X(z) : \mathbb{C}^n \to \mathbb{C}^n$ (euklidische Metrik), z fest. Diese Norm erfüllt $\|XY\| \leq \|X\| \, \|Y\|$; ähnliche Dienste erweist

z.B. $\left(\sum_{j,k} |x_{j,k}|^2\right)^{1/2}$.

Offensichtlich ist E(z) genau dann polartig, wenn reelle Zahlen $c_1, c_2 > 0$ existieren, so daß

$$\|E(z)\| \leq c_1 |z|^{c_2} \quad \text{für } |z| \geq a + 1.$$

Andererseits gilt

$$\| z^{\pm M} \| \leq \sum_{j=0}^{\infty} \frac{\|M\|^j \, |\log z|^j}{j!} \leq e^{c_3 \log|z|}$$

für $|z| > b \geq 2$, $|\arg z| \leq \pi$.

Also ist X(z) genau dann regulär-singulär, wenn gilt

(3) $\|X(z)\| \leq |z|^c$ für $z \to \infty$, $|\arg z| \leq \pi$.

Wir formulieren folgende

Proposition: Für $z \to \infty$, $|\arg z| \leq \pi$ gilt

$\|X(z)\|^{\pm 1} \leq |z|^c$ (falls $r \leq 0$) bzw. $\|X(z)\|^{\pm 1} \leq e^{c|z|^r}$ (falls $r > 0$).

(Somit hat E(z) höchstens die Ordnung r, falls $r \geq 0$.)

<u>Beweis:</u> Ist $x(t) = \|X(z_0 t)\|$ für $|z_0| > a$ fest, $t \geq 1$, so erfüllt $x(t)$ lokal eine Lipschitzbedingung, ist also fast überall differenzierbar und

$$|x'(t)| \leq \|X'(z_0 t)\, z_0\| \leq ct^{r-1}\, x(t) \quad (t \geq 1).$$

Daher gilt $\left(\frac{x(t)}{x(1)}\right)^{\pm 1} \leq t^c$ $(r \leq 0)$, bzw. $\left(\frac{x(t)}{x(1)}\right)^{\pm 1} \leq e^{\frac{c}{r} t^r}$ $(r > 0)$,

und da $\|X(z)\|$ für $|z| = |z_0|$ stetig ist, folgen die behaupteten Abschätzungen (mit passendem c).

Im Falle $r \leq -1$ gibt es sogar eine Fundamentalmatrix X, die bei $z = \infty$ regulär ist und durch $X(\infty) = I$ eindeutig festgelegt wird: Setzt man nämlich $Y(z) = X(\frac{1}{z})$, so gilt die äquivalente Dgl

$$Y'(z) = -\frac{1}{z^2} X'(\tfrac{1}{z}) = -\frac{A(\frac{1}{z})}{z^2} Y(z) = B(z)\, Y(z),$$

und $B(z) = -z^{-r-1} \sum_0^\infty A_k z^k$ ist regulär bei $z = 0$.

Diese Fälle sind daher für unseren Standpunkt trivial. Dagegen entspricht der Fall $r = 0$ der <u>Fuchs'schen Theorie</u> für Dgln n-ter Ordnung. Das Hauptinteresse bezüglich der Singularitäten liegt daher bei $r \geq 1$.

<u>d) Analytische und meromorphe Äquivalenz:</u>

Ist $T(z)$ eine nxn-Matrix, die zusammen mit ihrer Inversen bei $z = \infty$ regulär ist, und ist $E(z) = T(z)\, \tilde{E}(z)$, so haben $E(z)$ und

$\tilde{E}(z)$ bei $z = \infty$ offensichtlich den gleichen Typ von Singularität, aber eventuell ist $\tilde{E}(z)$ gegenüber $E(z)$ vereinfacht. Wir setzen also $X(z) = T(z)\, Y(z)$ und erhalten die (eventuell) vereinfachte Dgl: $Y'(z) = B(z)\, Y(z)$, $B = T^{-1} AT - T^{-1} T'$. Diese Dgl heißt zur ursprünglichen analytisch äquivalent, und hierdurch ist eine Äquivalenzrelation zwischen meromorphen Dgln definiert.
(Beachte, daß sich die Dgln genau dann mit T transformieren, wenn sich auch die Lösungen mit T transformieren).
Erlaubt man andere Klassen von Transformationen T, so ergeben sich entsprechende Äquivalenzbegriffe, z.B. meromorph äquivalent, wenn $T^{\pm 1}$ beide bei $z = \infty$ meromorph sein sollen. Auch hier bleibt die wesentliche Singularität bei $z = \infty$ ungeändert.

Eine regulär-singuläre Dgl ist mittels $T = E$ meromorph äquivalent zur Dgl für $Y = z^M$, also $Y' = \frac{M}{z} Y$ mit dem äußerst einfachen $B = \frac{M}{z}$. Die Umkehrung ist selbstverständlich. Allgemein sucht man in jeder Äquivalenzklasse nach möglichst einfachen Repräsentanten, die dann einen Prototyp für die entsprechende Singularität darstellen.

Bei der Behandlung dieser Fragen erweist sich die Matrixformulierung als äußerst vorteilhaft. Denn hier lassen sich n linear unabhängige Grundlösungen zu einer einzigen Fundamentalmatrix zusammenfassen; der Freiheitsgrad ist dabei nur ein rechtsseitiger konstanter Faktor, der folglich auch das Monodromieverhalten beschreibt; und es gibt explizite Matrixfunktionen, nämlich z^M, die dieses typische Verhalten haben. In Komponenten ist z^M wesentlich komplizierter darzustellen. Weitere Vorteile der Matrixschreibweise werden sich laufend ergeben.

e) Ausblick:

Die allgemeine Theorie der meromorphen Dgln basiert auf zwei grundlegenden Beobachtungen. Erstens gibt es formale Reihenentwicklungen, die die Dgl (3) lösen. Ihnen entsprechen nach Poincaré Lösungen mit diesen Reihen als asymptotischer Entwicklung. Da die Reihen i.a. nicht im üblichen Sinne konvergieren, bleibt allerdings die Darstellung der Lösungen vielfach ein Problem.
Zweitens gibt es die Reduktionsmethode von G.D. Birkhoff, die die Dgl auf eine vereinfachte Standardform bringt mittels zulässiger Transformationen (wie oben beschrieben). Diese Theorie ist aber nur in gewissen Fällen von Turrittin zu Ende geführt worden.

Hauptsächlich fehlte bisher eine Entscheidungsmöglichkeit, ob zwei Dgln äquivalent sind oder nicht, d.h. ob die entsprechenden Singularitäten verschieden sind oder nicht. Für die Singularitäten vom Typ $z^{\lambda}\ e^{b_r z^r + \ldots + b_1 z}$ sind die Zahlen $\lambda;\ b_1, \ldots, b_r$ charakteristisch; allgemeiner sucht man Invarianten, die die Äquivalenzklassen von Dgln charakterisieren. Z.B. ist die Jordan-Normalform der Monodromiematrix mod 1 meromorph invariant, oder auch die Maximalordnung der Lösungen.
In gemeinsamen Untersuchungen von Jurkat mit Peyerimhoff, Lutz und Balser ist diese Invariantentheorie jetzt zu einem Abschluß gekommen. Danach ist es grundsätzlich möglich, sich einer Dgl auf Grund ihrer Invarianten eine Standardform zugeordnet zu

denken, deren Lösungen die Singularität der Dgl repräsentieren und daher benutzt werden können, um die Lösungen der ursprünglichen Dgl darzustellen.

Hauptziel der Vorlesung ist es, diese neue Theorie darzustellen, und den Weg für Anwendungen zu ebnen. Von besonderem Interesse wird es sein zu sehen, welche speziellen Funktionen wirklich gebraucht werden, um die Lösungen aller meromorphen Dgln darzustellen. Dabei werden sich die inneren Zusammenhänge zwischen den speziellen Funktionen von alleine aus der Theorie ergeben müssen. Auf der anderen Seite bleibt festzustellen, daß z.B. die Γ-Funktion nicht in dieser Theorie enthalten ist. Sie erfüllt an Stelle einer Dgl eine Differenzengleichung, und für solche Gleichungen ist eine entsprechend befriedigende Theorie noch nicht vorhanden. Schließlich bleiben noch einige besondere Funktionen, wie die Riemann'sche ζ-Funktion, die von ganz anderem Charakter sind und als wesentlich komplizierter angesehen werden müssen (auch wenn es sich um ganze Funktionen endlicher Ordnung handelt).

2. Grundtatsachen

a) Formale Lösungen:

Mit [A] bezeichnen wir die Dgl $X' = AX$ mit bei $z = \infty$ meromorpher Koeffizientenmatrix $A(z) \neq 0$; die Entwicklung für A konvergiere für $0 \leq a < |z| \leq \infty$.

Über der z-Ebene betrachten wir die Riemann'sche Fläche von log z, deren Punkte auch mit z bezeichnet werden und beschrieben sind durch die "Koordinaten" $|z| \neq 0$ und $\arg z \in (-\infty,\infty)$. Ein Sektor S liege auf dieser Fläche und ist beschrieben durch

$S = S(\alpha,\beta) = \{|z| > a,\ \alpha < \arg z < \beta\}$ $(-\infty \leq \alpha < \beta \leq \infty)$.

Wir betrachten formale Ausdrücke der Form

$$H(z) = \Phi(z)\, z^{L}\, e^{Q(z)} ,$$

wobei

$$Q(z) = \sum_{j=1}^{h} Q_j\, z^{r_j}$$

($h \geq 0$ ganz, $r_j > 0$ rational, Q_j konstante Diagonalmatrizen für $1 \leq j \leq h$), L konstante Matrix,

$$\Phi(z) = z^{\frac{m_0}{g}} \sum_{m=0}^{\infty} \Phi_m\, z^{-\frac{m}{g}}$$

formale Reihenentwicklung mit $g > 0$ ganz, m_0 ganz, Φ_m konstante Matrizen ($m \geq 0$), det $\Phi(z)$ nicht die Nullreihe (d.h. $\Phi^{-1}(z)$ vom selben Typ).

(Über den Umgang mit solchen Ausdrücken vergl. 3.a). Eine solche Reihe $\Phi(z)$ soll formale wurzel-meromorphe Transformation heißen.

Man kann zeigen, (vgl. [32 , S. 49-58], [19]) daß jede Dgl [A] eine formale Lösung H(z) der beschriebenen Form besitzt. Dabei ist A durch seine Entwicklung zu ersetzen, und diese braucht nicht einmal zu konvergieren. Die Fragestellung wird somit rein algebraisch.
Man macht sich klar, daß die Matrixelemente von H endliche Summen von Ausdrücken folgender Gestalt sind

$$\varphi(z)\, z^{\lambda} \log^k z \exp(b_1 z^{\frac{1}{p}} + \ldots + b_h z^{\frac{h}{p}}), \quad \varphi(z) = z^{\frac{m_0}{g}} \sum_{m=0}^{\infty} \varphi_m z^{-\frac{m}{g}}$$

(formal), mit komplexem λ, ganzem m_0, ganzem k und $h \geq 0$, sowie ganzen und positiven p,g (die Matrixelemente von z^L sind endliche Linearkombinationen von $z^{\lambda} \log^k z$; dies folgt aus der Jordan'schen Normalform von L, vergl. S. 4).
Läßt man als formale Lösungen Matrizen zu, deren Elemente von dieser Form sind, so ist die allgemeine Fundamentalmatrix (bei der die Determinante nicht der Nullausdruck ist, vergl. 3.a), genau von der Form H(z)C , C konstante, invertierbare Matrix.

b) Asymptotische Entwicklungen:

Im regulär-singulären Fall lassen sich die tatsächlichen Lösungen X auch als formale Lösungen interpretieren. Da beide den gleichen Freiheitsgrad (nämlich einen Rechtsfaktor C) haben, ist nicht nur jede tatsächliche Lösung eine formale, sondern auch umgekehrt. Also muß jede formale Lösung automatisch konvergieren. Hierauf beruht die Potenzreihenmethode von Frobenius.

Im allgemeinen haben Lösungen X asymptotische Entwicklungen vom Typ der formalen Lösungen, auch wenn diese nicht konvergieren. Es ist klar, daß jede vorkommende Asymptotik die Dgl formal erfüllt, also formale Lösung sein muß. Daß auch umgekehrt jede formale Lösung als asymptotische Entwicklung auftritt, zeigt der folgende Hauptsatz.

Satz A: (Poincaré, Birkhoff, Trjitzinsky, Turrittin)

Zu [A] gibt es stets eine formale Lösung

$$H(z) = \Phi(z)\, z^L\, e^{Q(z)}$$

wie oben beschrieben, und zu jedem solchen H(z) gibt es ein $\delta > 0$, so daß zu jedem Sektor $S(\alpha,\beta) = S$ mit $\beta - \alpha \leq \delta$ eine (in S) analytische Fundamentalmatrix $X = X_S$ existiert mit der Eigenschaft

$$X(z) \cong H(z) \text{ in } S,$$

d.h. $X(z)\, e^{-Q(z)}\, z^{-L} \cong \Phi(z)$ in S im Sinne von asymptotischen Entwicklungen für $z \to \infty$, und zwar gleichmäßig in jedem abgeschlossenen Teilsektor von S.

Wir sehen jetzt, daß jede Lösung X in jeder Richtung eine asymptotische Entwicklung hat, die sogar noch in einer kleinen Winkelumgebung S dieser Richtung gültig ist, denn es gilt ja $X = X_S C$ in S. Außerdem folgt, daß alle formalen Lösungen als asymptotische Entwicklungen auftreten.

Im Zusammenhang mit diesem Hauptsatz stellen sich verschiedene Fragen:

i) Wie kann H berechnet werden, und inwieweit ist es eindeutig? Was ist die genaue Struktur von H, d.h. für welche H ist die logarithmische Ableitung $H' H^{-1}$ eine formale meromorphe Reihe?

ii) Was ist der maximale Wert von δ? Inwieweit ist X eindeutig durch die Asymptotik bestimmt und eventuell berechenbar? Wie verändert sich X mit S, oder wie verändert sich die asymptotische Entwicklung von X bei analytischer Fortsetzung in andere Sektoren (Verbindungsmatrizen)?

iii) Wie berechnet sich M, und was läßt sich über die Singularität von E bei $z = \infty$ sagen? Woran lassen sich die Invarianten von [A] erkennen, die die Singularität von X bzw. E charakterisieren sollen?

c) Die Birkhoff'sche Reduktion:

Ein zweites wichtiges Ergebnis ist die Faktorisierung von G.D. Birkhoff (auch enthalten in einem allgemeineren Ergebnis von Hilbert und Plemelj):

Satz B: Sei $E(z)$ eine eindeutige reguläre quadratische Matrix für $a < |z| < \infty$ mit $\det E(z) \neq 0$ dort. Dann existieren eine analytische Transformationsmatrix (also eine Matrix $T(z)$, die zusammen mit ihrer Inversen bei $z = \infty$ analytisch ist), eine Diagonalmatrix K mit ganzzahligen Elementen sowie eine ganze Matrixfunktion $E_g(z)$ mit $\det E_g(z) \neq 0$ für alle z, so daß

$$E(z) = T(z)\, z^K\, E_g(z) \quad \text{für } a < |z| < \infty \,.$$

Derselbe Satz gilt auch für eine Faktorisierung der Form $E = T\, E_g\, z^K$.
Im eindimensionalen Fall ist das Ergebnis leicht zu erhalten, da für passendes k die Funktion $\log E(z) - k \log z$ für $a < |z| < \infty$ eindeutig ist und sich durch Aufspaltung ihrer Laurent-Entwicklung in eine ganze Funktion und eine bei $z = \infty$ reguläre Funktion die Behauptung ergibt.
Sei M irgendeine zu $[A]$ gehörende Monodromiematrix und $X = E\, z^M$ eine Lösung von $[A]$. Als Folgerung aus Satz B ist $[A]$ meromorph äquivalent zu $[B]$ mit

$$B = (E_g\, z^M)'\, (E_g\, z^M)^{-1} = E_g'\, E_g^{-1} + E_g\, \frac{M}{z}\, E_g^{-1} \,.$$

Daher ist $z\,B(z)$ eine ganze Funktion, die natürlich bei $z = \infty$ meromorph sein muß, somit ein Polynom $P(z)$. Jede meromorphe Dgl $X' = AX$ ist also meromorph äquivalent zu $Y' = \frac{P(z)}{z}\, Y$.

Dieses äußerst vielversprechende Ergebnis wird beeinträchtigt durch den Umstand, daß der Poincaré'sche Rang von

$B(z) = \frac{P(z)}{z}$ dabei wesentlich höher sein könnte. Es ist noch unbekannt, ob dies immer vermieden werden kann. Damit hängt die Frage zusammen, ob P(z) sich unter meromorpher Äquivalenz weiter vereinfachen läßt. Natürlich könnte man bereits die Lösungen Y aller polynomartigen Dgln als neue Funktionen einführen und wäre dann in der Lage, jede Lösung X einer meromorphen Dgl in der Form X = TY, T meromorphe Transformation, darzustellen. Doch ist es erstrebenswert, die Menge der neuen Funktionen möglichst klein zu halten, also P(z) möglichst weit zu normalisieren.
Eine andere Schwierigkeit liegt in der Berechnung von P bzw. in der Zuordnung zu A. Der Birkhoff'sche Satz ist ein typischer Existenzsatz und läßt nicht genügend viele Zusammenhänge erkennen. Auf der anderen Seite sieht man aber, daß z.B. der Satz A für meromorphe Dgln aus dem für polynomartige Dgln gefolgert werden kann.

3. Struktur und Normalisierung der formalen Lösungen

a) Rechnen mit formalen Ausdrücken:

Beim Beweis vieler Identitäten für formale Lösungen kann folgende Betrachtungsweise wesentlich zur Vereinfachung beitragen: Werden zunächst statt der vorkommenden formalen Reihen nur endliche Summen der gleichen Art betrachtet, haben alle Objekte eine konkrete funktionentheoretische Bedeutung, und Operationen wie Summe, Produkt, Ableitung oder das Bilden der "analytischen Fortsetzungen" über die Ersetzung $z \to z\, e^{2\pi i k}$ $(k \in \mathbb{Z})$ sind erklärt. Die Ausdehnung auf den allgemeinen Fall kann dann so erfolgen, daß die formalen Reihen durch genügend große Partialsummen ersetzt werden. Im Sinne dieser konkreten Bedeutung der endlichen Ausdrücke sprechen wir davon, daß wir formale Lösungen auf der Riemann'schen Fläche von log z betrachten.

Eine formale meromorphe Reihe ist von der Gestalt

$$f(z) = z^{m_0} \sum_{m=0}^{\infty} a_m z^{-m} \quad (m_0 \text{ ganz});$$

ein formaler logarithmischer Ausdruck φ ist eine endliche Summe von Gliedern der Form

$$f(z)\, z^{\lambda} (\log z)^k \quad (\lambda \text{ komplex, } k \geq 0 \text{ ganz}).$$

Jeder solche Ausdruck kann in einen reduzierten Ausdruck umgewandelt werden, in dem die Exponenten λ, die zu gleichem k gehören, inkongruent mod 1 sind.

Ein Ausdruck gilt als Null, wenn in einem (und daher in jedem) zugehörigen reduzierten Ausdruck jedes $f(z) = 0$ ist. Für formale logarithmische Ausdrücke sind Summe, Produkt, Ableitung und analytische Fortsetzung in natürlicher Weise erklärt. Ist ein solcher Ausdruck eindeutig bei analytischer Fortsetzung, so muß er formal meromorph sein. Von einer formalen logarithmischen Matrix Ψ sprechen wir, wenn alle Elemente von Ψ formale logarithmische Ausdrücke sind.
Man beachte, daß der Teil $\Phi(z)\, z^L$ in $H(z)$ sowie sein Inverses eine formale logarithmische Matrix ist, denn $\Phi^{\pm 1}(z)$ läßt sich in eine Summe solcher Matrizen zerlegen.

Ein formaler logarithmisch-exponentieller Ausdruck ist eine endliche Summe von Gliedern der Form

$$\psi(z)\, e^{q(z)}, \quad q(z) = b_1 z^{r_1} + \ldots + b_h z^{r_h}$$

mit komplexen b_j und rationalen $r_j > 0$, $h \geq 0$ ganz und $\psi(z)$ formal logarithmisch. Der Ausdruck heißt reduziert, wenn die Glieder mit demselben q zusammengefaßt sind und auch die ψ reduziert sind. Auf diese Weise wird auch die Gleichheit solcher Ausdrücke definiert.
Weiter lassen sich Summe, Produkt, Ableitung und analytische Fortsetzung solcher Ausdrücke definieren; insbesondere gilt hierbei, daß die Ableitung nur von konstanten Ausdrücken verschwindet.

Matrizen mit solchen Ausdrücken als Elementen nennen wir formale logarithmisch-exponentielle Matrizen.

b) Die Strukturgleichung für H(z):

Im folgenden sei A(z) eine beliebige formale meromorphe Matrix. Wir fragen, welche Matrizen der Gestalt

(1) $$H(z) = \Psi(z)\, e^{Q(z)}$$

mit $\Psi^{\pm 1}(z)$ formal logarithmisch, Q(z) wie bereits beschrieben, tatsächlich als formale Fundamentalmatrix irgendeiner Dgl [A] auftreten können, d.h. wann

$$H'(z)\, H^{-1}(z) = \Psi'(z)\, \Psi^{-1}(z) + \Psi(z)\, Q'(z)\, \Psi^{-1}(z)$$

eine formale meromorphe Reihe ist.

Wie man sieht, ist $H'(z)\, H^{-1}(z)$ zunächst nur formal logarithmisch, und ein solcher Ausdruck ist genau dann formal meromorph, wenn er sich bei analytischer Fortsetzung $z \to z\, e^{2\pi i}$ nicht verändert. Da diese Operation mit der Ableitung und dem Bilden des Inversen vertauschbar ist, bedeutet das, daß $H(ze^{2\pi i})$ ebenfalls formale Lösung ist, das heißt

(2) $$H(ze^{2\pi i}) = H(z)C$$

mit einer konstanten, invertierbaren Matrix C.

Also muß (2) alles über die mögliche Struktur von $H(z)$ aussagen. Wir nennen (2) die Strukturgleichung für $H(z)$.

Statt $H(z)$ kann auch $H(z)C_1$ mit konstantem, invertierbarem C_1 betrachtet werden, sofern es nur wieder vom Typ (1) ist. Insbesondere ist für eine beliebige Permutationsmatrix C_1 stets

$$H(z)C_1 = \Psi C_1 \, e^{\tilde{Q}(z)}, \quad \tilde{Q}(z) = C_1^{-1} \, Q(z)C_1$$

wieder vom Typ (1), und die Elemente von $Q(z)$ können auf diese Weise in eine beliebige Reihenfolge gebracht werden. O.B.d.A. können wir daher annehmen, daß

$$Q(z) = \mathrm{diag}(q_1(z) \, I_{s_1}, \ldots, q_\ell(z) \, I_{s_\ell}),$$

wobei I_{s_j} Einheitsmatrizen der Dimension $s_j \geq 1$ und die skalaren Funktionen $q_j(z)$ alle verschieden sind.

Die Matrix $Q(z)$ ist somit in natürlicher Weise in Blöcke zerlegt, über deren Reihenfolge noch verfügt werden kann.

Wir denken uns nun die anderen vorkommenden Matrizen in genau entsprechende Blöcke zerlegt, z.B. $C = [C_{jk}]$ $(1 \leq j,k \leq \ell)$. Die Bedingung (2) nimmt dann die folgende Form an:

$$(2') \qquad \Psi^{-1}(z) \, \Psi(ze^{2\pi i}) = \left[C_{jk} \, e^{q_j(z) - q_k(ze^{2\pi i})} \right].$$

Da die linke Seite von (2') formal logarithmisch ist, gilt

(3) $q_j(z) = q_k(ze^{2\pi i})$ oder $C_{jk} = 0$,

woraus unmittelbar folgt:

(4) $$\Psi(ze^{2\pi i}) = \Psi(z)C ,$$

(5) $$e^{Q(ze^{2\pi i})} = C^{-1} e^{Q(z)} C .$$

Diese beiden Gleichungen beschreiben das Umlaufsverhalten von Ψ und Q, das der Strukturgleichung (2) entspricht.

c) Die Struktur von Q:

Da C invertierbar ist, muß bei festem k ein j existieren mit $C_{jk} \neq 0$, und da alle $q_j(z)$ verschieden sind, ist dies nach (3) nur einmal der Fall, und dieses C_{jk} ist quadratisch und invertierbar (sonst wären die Zeilen bzw. Spalten von C linear abhängig; beachte dabei, daß bei festem j auch genau ein k existiert mit $C_{jk} \neq 0$). Für dieses Paar (k,j) gilt die erste Alternative aus (3) und die entsprechenden Blöcke in Q sind gleich groß. Folglich müssen mit $q_j(z)$ auch stets seine analytischen Fortsetzungen im positiven und negativen Sinn, d.h. alle $q_j(ze^{2m\pi i})$ $(m \in \mathbb{Z})$ als Elemente der Diagonalmatrix Q(z) vorkommen, und zwar alle mit der gleichen Vielfachheit. In diesem Sinne ist Q(z) abgeschlossen unter analytischer Fortsetzung.

Da die Reihenfolge der Blöcke in $Q(z)$ willkürlich ist, können wir sie so einrichten daß diejenigen Blöcke $q_j(z)\ I_{s_j}$, die durch analytische Fortsetzung zusammenhängen, zu einem Zyklus bzw. Oberblock zusammengefaßt werden. Zur Vereinfachung der Bezeichnungen werde ein solcher Oberblock ebenfalls mit $Q(z)$ bezeichnet, und wir werden jeweils klarstellen, ob $Q(z)$ einen Oberblock oder die gesamte Matrix bedeutet.

Zu jedem Oberblock $Q(z)$ gehören zwei Zahlen:

Die Anzahl p der im Oberblock zusammengefaßten Blöcke sowie deren (gemeinsame) Dimension s. In dem entsprechenden Zyklus wählen wir ein erstes Element, auf das dann seine analytischen Fortsetzungen folgen sollen, d.h. wir richten die Numerierung so ein, daß (für $p \geq 2$)

$$q_{k+1}(z) = q_k(ze^{2\pi i}) \quad (k = 1,\dots,p-1),$$

$$q_1(z) = q_p(ze^{2\pi i}).$$

Mit $q_1(z) = q(z)$ können wir schreiben

$$q_k(z) = q(ze^{2(k-1)\pi i}) \quad (k = 1,\dots,p),$$

$$q(z) = q(ze^{2p\pi i}) .$$

Somit ist klar, daß $q(z)$ eine eindeutige Funktion in $z^{\frac{1}{p}}$, also (vergl. die Form der Elemente von $Q(z)$) ein Polynom in $z^{\frac{1}{p}}$ ohne konstantes Glied ist, und der Exponent p ist hierbei minimal, da alle $q_k(z)$ $(k = 1,\dots,p)$ verschieden sind.

Zusammenfassend ergibt sich: Die Matrix $Q(z)$ besteht aus einer Anzahl Oberblöcke, die wir wieder $Q(z)$ nennen. Zu jedem Oberblock $Q(z)$ gehört eine skalare Funktion $q(z)$, die sich für eine **minimal** gewählte natürliche Zahl p als Polynom in $z^{\frac{1}{p}}$ ohne konstantes Glied schreiben läßt, sowie eine natürliche Zahl s. Mit diesen Größen gilt für den Oberblock

$$Q(z) = \mathrm{diag}\left[q(z)\ I_s,\ q(ze^{2\pi i})\ I_s,\dots,q(ze^{2(p-1)\pi i})I_s\right],$$

wobei I_s die s-dimensionale Einheitsmatrix ist.

Die Matrizen $q(ze^{2(k-1)\pi i})I_s$ $(k = 1,\dots,p)$ sind die Blöcke von $Q(z)$, von denen wir ausgingen, daher gehören zu verschiedenen Oberblöcken stets, auch bezüglich ihrer analytischen Fortsetzungen, verschiedene $q(z)$.

d) Das Umlaufsverhalten von Q und Ψ:

Zu jedem Oberblock gehört eindeutig eine *Blockpermutationsmatrix*

$$(6)\qquad R = \begin{bmatrix} O_s & O_s & \cdots & O_s & I_s \\ I_s & O_s & \ddots & O_s & O_s \\ O_s & I_s & \ddots & O_s & O_s \\ \vdots & & \ddots & \vdots & \vdots \\ \vdots & & & \vdots & \vdots \\ \vdots & & & \vdots & \vdots \\ O_s & O_s & \cdots & I_s & O_s \end{bmatrix} \quad \text{bzw. } R = I_s \text{ (falls } p = 1)$$

(I_s die Einheits-, O_s die Nullmatrix, beide von Dimension s), die die analytische Fortsetzung von Q(z) regelt:

$$(7)\qquad Q(ze^{2\pi i}) = R^{-1}\, Q(z)\, R.$$

Setzen wir diese Oberblöcke R diagonal (d.h. direkte Summe) zu einer *totalen Matrix* R zusammen, so gilt (7) auch für die totale Matrix Q(z) (d.h. die "Gesamtmatrix").

Nachdem wir Q(z) wie beschrieben angeordnet haben, ergibt sich für C folgende Struktur (vergl.(3)):

Die Matrix C zerfällt in analoger Weise zu Q(z) in diagonal angeordnete Oberblöcke; jeder Oberblock C hat die Form

$$C = \begin{bmatrix} O_s & O_s & \cdot & \cdot & O_s & D_1 \\ D_2 & O_s & \cdot & \cdot & O_s & O_s \\ \cdot & \cdot & \ddots & & \cdot & \cdot \\ \cdot & \cdot & & \ddots & \cdot & \cdot \\ \cdot & \cdot & & \ddots & \cdot & \cdot \\ \cdot & \cdot & & & \ddots & \cdot \\ O_s & O_s & \cdot & \cdot & D_p & O_s \end{bmatrix} = D\,R\,,$$

wobei $D = \mathrm{diag}\,[D_1,\ldots,D_p]$ mit konstanten, invertierbaren Matrizen $D_k\,(k = 1,\ldots,p)$.

Wieder ist aus den Oberblöcken D eine totale Matrix D aufzubauen, die mit den totalen Matrizen C,R verknüpft ist durch

$$C = D\,R\,.$$

Beachte, daß jedes C dieser Gestalt die Gleichung (5) erfüllt, weil $D\,Q = Q\,D$ gilt. [Die diagonal geblockten Matrizen sind übrigens genau die Matrizen, die mit Q kommutieren.]

Es bleibt (4) zu diskutieren. Wählt man L als eine Lösung der Gleichung

$$(8) \qquad e^{2\pi i L} = D\,R\,,$$

so ist

$$F(z) = \Psi(z)\,z^{-L}$$

eine eindeutige formale logarithmische Matrix, also formal

meromorph, und somit ist

$$\Psi(z) = F(z)\ z^L.$$

Ebenso ist $F^{-1}(z)$ formal meromorph. Umgekehrt bewirkt diese Darstellung mit einem der Gleichung (8) genügenden L das Umlaufsverhalten (4).

Somit ist die Struktur der formalen Lösungen H(z) geklärt: Genau diejenigen Matrizen der Form $H(z) = \Psi(z)\ e^{Q(z)}$ sind formale Lösungen einer formalen Dgl [A], für die Q(z) nach passender Umordnung seiner Diagonalelemente die beschriebene Blockstruktur hat und die Gleichung (7) erfüllt, und für die $\Psi(z)$ die Gestalt $F(z)\ z^L$ hat, mit einer Matrix L, die (8) erfüllt. Der Umlaufsfaktor bei H ist dann gleich D R, D diagonal geblockt.

e) Normalisierung der formalen Umlaufsmatrix:

Eigentliches Ziel unserer Überlegungen ist es, Invarianten zu finden, Objekte also, die bei einer bestimmten Klasse von Transformationen ungeändert bleiben. Betrachtet man z.B. formale meromorphe Transformationen (also Matrizen T(z), für die $T^{\pm 1}(z)$ formal meromorph ist), so können offenbar die formalen Lösungen H(z) auf Prototypen der Form

$$z^L\ e^{Q(z)}$$

reduziert werden, wobei $e^{2\pi iL} = DR$. Diese Ausdrücke sind aber konkrete Funktionen; sie entsprechen gewissen meromorphen Dgln, die sich elementar lösen lassen.

Die Größen L und Q(z) müssen offensichtlich alle Größen beinhalten, die unter formalen meromorphen Transformationen invariant bleiben können. Sie sind aber selbst nicht unbedingt invariant:

Ist C eine konstante invertierbare Matrix, die mit Q(z) kommutiert, so ist $C^{-1} z^L e^Q C = z^{L'} e^Q$ mit $L' = C^{-1} L C$ ein anderer möglicher Prototyp. Da der Umlaufsfaktor von $z^L e^{Q(z)}$ gleich $D R = e^{2\pi iL}$ ist, so gilt

$$z^L e^{Q(z)} = E_f(z) z^L$$

mit einer eindeutigen Matrixfunktion $E_f(z)$, d.h. L läßt sich auch als formale Monodromie-Matrix auffassen. Wie oben erklärt, haben wir auf ihre Gestalt noch einen gewissen Einfluß.

Ist C eine invertierbare Matrix, die mit Q(z) kommutiert (dies sind ja genau die diagonal geblockten invertierbaren Matrizen), so können wir $H(z) = \Psi(z) e^{Q(z)}$ auch durch $H(z) C = \Psi(z) C e^{Q(z)}$ ersetzen. Hatte H(z) den Umlaufsfaktor DR, so hat H(z)C den Umlaufsfaktor $\hat{D}R$ mit

$$\hat{D} = C^{-1} D R C R^{-1} , \; R C R^{-1} = \text{Permutation von } C.$$

In einem Oberblock sei $D = \text{diag}\,[D_1, \ldots, D_p]$ mit analogen Bezeichnungen für $C, \hat{D}$. Somit ergibt sich

$$(9) \quad \begin{cases} \hat{D}_1 = C_1^{-1} D_1 C_p \ , \\ \hat{D}_j = C_j^{-1} D_j C_{j-1} \ (j = 2,\ldots,p). \end{cases}$$

Die Gleichungen (9) beschreiben also die zulässigen Änderungen des diagonalen Anteils des Umlaufsfaktors. Die vorzunehmenden Vereinfachungen geschehen in mehreren Schritten:

(i) Ist $C_1 = I_s$,

$$C_j = D_j \ldots D_2 \ (j = 2,\ldots,p),$$

so ergibt sich $\hat{D}_1 = D_1 D_p \ldots D_2$, $\hat{D}_2 = \ldots = \hat{D}_p = I_s$.

(ii) Ist bereits $D_2 = \ldots = D_p = I_s$, $D_1 = D$ invertierbar, so gibt es ein W mit $W^p = D$, und mit

$$C_j = W^{-(j-1)} \ (j = 1,\ldots,p)$$

ergibt sich aus (9)

$$\hat{D}_j = W \quad (j = 1,\ldots,p) \ .$$

(iii) Nun ist $D_1 = \ldots = D_p$. Wähle D so, daß $D_1 = e^{2\pi i D}$. Wird dann in (9) $C_1 = \ldots = C_p$ gesetzt, so zeigt sich, daß D in seine Jordan-Normalform J_s transformiert werden kann.

Somit ergibt sich, daß wir

$$(10)\quad D_1 = \dots = D_p = e^{2\pi i J_s}$$

innerhalb eines Oberblocks erreichen können. Die Anordnung der Jordanblöcke innerhalb J_s ist dabei willkürlich.

f) Normalisierung der Eigenwerte von J_s:

Die Eigenwerte von J_s sind offenbar modulo 1 frei wählbar; es gilt aber noch mehr:

Ist $J_s = \mathrm{diag}[J^{(1)},\dots,J^{(m)}]$, wobei $J^{(k)}$ jeweils ein einzelner Jordanblock ist, so sei

$$K_s = \mathrm{diag}[k_1 I_{t_1},\dots,k_m I_{t_m}] \quad (k_1,\dots,k_m \text{ ganz}),$$

und die Dimension von I_{t_k} sei gleich der von $J^{(k)}$.

Mit dieser Matrix sei

$$C_j = e^{2\pi i \frac{j}{p} K_s} \qquad (1 \leq j \leq p)\ ,$$

also $\quad C_p = I_s$,

dann folgt aus (9)

$$\hat{D}_1 = \dots = \hat{D}_p = e^{2\pi i (J_s - \frac{1}{p} K_s)}\ ,$$

und daher können die Eigenwerte von J_s sogar modulo $\frac{1}{p}$ beliebig gewählt werden.

Wir tun dies in der Weise, daß wir für jedes p ein festes Repräsentantensystem der komplexen Zahlen modulo $\frac{1}{p}$ betrachten (was etwa durch die Festsetzung $0 \leq \operatorname{Re} \lambda < \frac{1}{p}$ geschehen kann); dann wählen wir jeweils die Eigenwerte von J_s als Elemente dieses Repräsentantensystems.

Da die Blöcke von D innerhalb eines Oberblocks nunmehr gleich sind, gilt für die Oberblöcke D R = R D, was dieselbe Gleichung auch für die totalen Matrizen zur Folge hat.

g) Wahl der formalen Monodromie-Matrix:

Wir erinnern daran, daß L jede Matrix sein durfte, die $e^{2\pi i L} = DR$ erfüllt.

Da D und R kommutieren, ist zu erwarten, daß eine besonders einfache Wahl für L getroffen werden kann, wenn R auf Normalform gebracht wird.

Sei deshalb

$$U = U_{p,s} = \left[\varepsilon^{(j-1)(k-1)} I_s\right] \quad (1 \leq j,k \leq p)$$

mit $\varepsilon = e^{\frac{2\pi i}{p}}$. Diese Matrix ist symmetrisch und erfüllt (wenn R ein Oberblock mit den Parametern p,s ist)

$$U\,\bar{U} = pI = \bar{U}\,U,$$

$$U\,R = [\,\varepsilon^{(j-1)k}\,I_s] = \operatorname{diag}[I_s,\ \varepsilon I_s, \ldots,\ \varepsilon^{p-1} I_s]U\ .$$

Setzen wir

$$U' = U'_{p,s} = \mathrm{diag}\left[\frac{j-1}{p}\, I_s\right] \; (1 \le j \le p) \; ,$$

so gilt

$$R = U^{-1}\, e^{2\pi i U'} U \; , \; U^{-1} = \frac{1}{p}\, \overline{U} \; .$$

Schließlich setzen wir $J' = \mathrm{diag}[J_s,\ldots,J_s]$, p Blöcke.

Da die Blöcke in U skalar sind, kommutiert $D = e^{2\pi i J'}$ mit U, und daher gilt in jedem Oberblock

$$(11) \quad D\,R = U^{-1}\, e^{2\pi i J}\, U \; , \; J = J' + U' \quad .$$

Somit kann in jedem Oberblock

$$(12) \quad L = U^{-1}\, J\, U$$

gewählt werden; insbesondere wird J die Jordan-Normalform von L. In bekannter Weise werden aus den Oberblöcken J, U , J',U' totale Matrizen gebildet, und die Gleichungen (11), (12) übertragen sich ungeändert. Wir wiederholen noch einmal folgende Identitäten

$$(13) \qquad z^L = U^{-1}\, z^J\, U \; , \; e^{2\pi i L} = e^{2\pi i J'}\, R \; .$$

Es gibt daher auch eine formale Lösung der Form

$$H(z) = F(z)\, G(z) \; , \; G(z) = z^J\, U\, e^{Q(z)} \; ,$$

und wieder gilt

$$(14) \qquad G(z) = E_f(z)\, z^L$$

mit einer eindeutigen analytischen Matrixfunktion $E_f(z)$ mit $\det E_f(z) \neq 0$ für $0 < |z| < \infty$. (Tatsächlich ist (ein) $\log E_f(z)$ ein Matrixpolynom in z.)

h) Formulierung des Ergebnisses:

Wir fassen das Resultat unserer Überlegungen zusammen.

Satz I. Zu einer formalen meromorphen Dgl

$$X' = A(z)\, X$$

gibt es eine formale Fundamentallösung der Form

$$H(z) = F(z)\, G(z) \;,$$

wobei $F^{\pm 1}(z)$ eine formale meromorphe Reihe und

$$G(z) = z^J\, U\, e^{Q(z)}$$

ist. Die Matrizen $Q(z)$, U, J zerfallen simultan in eine direkte Summe von "Oberblöcken", die mit denselben Buchstaben bezeichnet werden. Hierbei ist in jedem Oberblock

$$Q(z) = \operatorname{diag}[q(z)\, I_s \,, q(ze^{2\pi i})\, I_s, \dots, q(ze^{2(p-1)\pi i})\, I_s] \;,$$

$$U = [\, \varepsilon^{(j-1)(k-1)}\, I_s] \quad (j \,,\, k = 1,\dots,p) \;,\; \varepsilon = e^{\frac{2\pi i}{p}} \;,$$

$$J = \operatorname{diag}[J_s \;,\; J_s + \frac{1}{p}\, I_s, \dots, J_s + \frac{p-1}{p}\, I_s] \;;$$

dabei ist $q(z) = \hat{q}(z^{\frac{1}{p}})$ für ein Polynom $\hat{q}$ ohne konstantes Glied, und p ist die kleinste natürliche Zahl, für die q sich so darstellen läßt; s ist die Vielfachheit, mit der q in Q auftritt, insbesondere kommen in einem anderen Oberblock keine der Funktionen $q(z)$, $q(ze^{2\pi i}), \dots, q(ze^{2(p-1)\pi i})$ wieder vor;

J_s ist eine s-dimensionale Jordanmatrix mit Eigenwerten aus einem festen Repräsentantensystem modulo $\frac{1}{p}$.

Ein Oberblock in G(z) wird also bestimmt durch q(z), s und J_s (aus q(z) ergeben sich p und U).

Umgekehrt tritt jedes solche H(z) als formale Fundamentallösung einer formalen meromorphen Dgl auf.

Bemerkungen:

Wir haben ausgehend von Vorergebnissen ähnlicher Art die Existenz einer formalen Lösung H der Form F G dargelegt. Offen bleibt die Frage nach der tatsächlichen Berechnung dieser Größen sowie eines direkten Existenzbeweises. Die besondere Struktur von Q erlaubt übrigens den folgenden Schluß:

Die Maximalordnung der Lösungen eines Systems n-ter Ordnung kann nur von der Form $\frac{k}{p}$ sein mit $1 \leq p \leq n$, $k \geq 0$ ganz, da sie ja durch einen Block bestimmt wird.

4. Formale Invarianten

a) A-priori-Normalisationen:

Wir unterscheiden grundsätzlich zwischen eigentlicher und formaler Äquivalenz, je nachdem die verwendeten Transformationen konvergieren oder nur formaler Natur sind. Die formalen Invarianten sind dann von selbst auch eigentliche Invarianten, und zwar gerade solche, die sich aus dem asymptotischen Typ der Lösungen erkennen lassen. Sie sind besonders charakteristisch und relativ leicht zu erkennen. Dabei genügt es, [A] als formale Dgl aufzufassen. Die entsprechende Theorie wird rein algebraisch sein.

Wir haben schon erwähnt, daß alle formalen meromorphen Invarianten in $Q(z)$ und J, oder auch in $G(z)$, enthalten sein müssen. Noch enthalten diese Matrizen aber einige Freiheitsgrade, die wir eliminieren wollen:
In $Q(z)$ kann die Anordnung der Oberblöcke frei gewählt werden, und in jedem Oberblock (Zyklus) kann eine der auftretenden skalaren Funktionen als erste, d.h. als $q(z)$ ausgewählt werden. Wir denken uns nun a priori eine Vorschrift gegeben, die für jedes $Q(z)$ die Anordnung der Oberblöcke sowie die Auswahl von $q(z)$ in jedem Oberblock festlegt.

In der Matrix J sind durch die Vereinbarungen über $Q(z)$ bereits die Oberblöcke fest angeordnet. In jedem Oberblock J sind die Eigenwerte von J_s Repräsentanten modulo $\frac{1}{p}$, aber die Anordnung der einzelnen Jordanblöcke von J_s ist noch beliebig.

Diese Reihenfolge soll ebenfalls a priori vereinbart sein. Erfüllen J und Q(z) alle diese zusätzlichen Normalisierungsbedingungen, so schreiben wir $J = J_A$, $Q = Q_A$ und entsprechend $G = G_A$, $F = F_A$, $H = H_A$. Damit soll nicht behauptet sein, daß diese Größen der Dgl [A] eindeutig zugeordnet sind; für J_A, Q_A wird sich dies jedoch aus dem folgenden Satz ergeben.

b) Formale meromorphe Invarianten:

Wir formulieren

Satz II. Eine formale Dgl [A] ist formal meromorph äquivalent zu [B] genau dann, wenn

$G_A = G_B$, d.h. $Q_A = Q_B$, $J_A = J_B$.

Im Äquivalenzfall sind alle formalen meromorphen Transformationen gegeben durch

$$T(z) = F_A(z)\; C\; F_B^{-1}(z) ,$$

wobei C die konstanten, invertierbaren Matrizen durchläuft, die mit $Q(= Q_A = Q_B)$, R, J kommutieren (d.h. C ist diagonal geblockt mit gleichen Blöcken innerhalb eines Oberblocks, die außerdem mit J_s kommutieren; folglich kommutiert C auch mit G(z)).

Bemerkungen

Aus Satz II ergibt sich:

(i) Eine eigentlich meromorphe Dgl [A] ist eigentlich merommorph äquivalent zu [B] genau dann, wenn $F_A(z)\ C\ F_B^{-1}(z)$ durch Wahl eines zulässigen C konvergent gemacht werden kann.

(ii) Wird A = B gesetzt, so ergibt sich, daß Q_A, J_A der Dgl [A] eindeutig zugeordnet sind; dasselbe gilt dann natürlich auch für G. Außerdem sind diese Größen formale meromorphe Invarianten.

In $H_A = F_A\ G$ kann sicher F_A durch $F_A\ C$ ersetzt werden, wenn C mit G kommutiert. Umgekehrt, ist $F_B\ G$ irgendeine formale Fundamentallösung von [B] = [A], so muß es nach Satz II ein C geben, das mit Q, R, J, also auch mit G kommutiert, so daß

$$T = I = F_A\ C\ F_B^{-1} \quad ,$$

also $F_B = F_A\ C$. Außerdem folgt, daß C nur mit G kommutieren kann, wenn es auch mit Q, R, J kommutiert (C immer konstant und invertierbar vorausgesetzt).

(iii) Das Paar (Q, J) ist ein vollständiges System von formalen meromorphen Invarianten, d.h.: $Q_A = Q_B$, $J_A = J_B$ bedingen formale meromorphe Äquivalenz von [A] und [B]. Alle anderen formalen meromorphen Invarianten sind deshalb Funktionen von (Q, J). Statt (Q, J) kann auch G genommen werden.

Wir nennen G den formalen meromorphen Typ der Lösungen.

(iv) Die Größen Q, J sind frei innerhalb der vorgenommenen a-priori-Normalisierungen und der sonstigen Spezifikationen, da $G'G^{-1} = \frac{P(z)}{z}$ (P(z) ein Matrixpolynom in z) eine Dgl definiert, die ein vorgegebenes System (Q, J) als formale meromorphe Invarianten hat. Man beachte, daß sich die Invarianten durch endlich viele unabhängige Konstanten beschreiben lassen.

(v) Die formale meromorphe Normalform von [A] ist $G' G^{-1}$; sie ist [A] eindeutig zugeordnet und ergibt in jeder Äquivalenzklasse genau einen Repräsentanten.

c) Hilfssätze:

Zum Beweis von Satz II verwenden wir die folgenden Resultate (siehe Gantmacher).

Lemma 1: Seien C_1, C_2, V konstante Matrizen der Größen $s_1 \times s_1$ bzw. $s_2 \times s_2$ bzw. $s_1 \times s_2$. Dann gilt

$$C_1 V = V C_2 \text{ impliziert } V = 0 ,$$

wenn C_1 und C_2 keinen Eigenwert gemeinsam haben.

Lemma 2: Für eine beliebige Jordanmatrix

$$J = \Lambda + N,\ \Lambda = \text{Diagonalteil von } J$$

ist $e^{2\pi i J}$ ähnlich zu $e^{2\pi i \Lambda} + N$.

(Entsprechendes gilt auch für $f(J)$, falls f analytisch ist an den Eigenwerten und dort $f' \neq 0$.)

Unser eigentliches Ziel ist die

Proposition. Seien M, M' Matrizen, bei denen die Eigenwerte insgesamt einem Repräsentantensystem mod 1 entstammen, und sei C invertierbar.
Ist dann $z^M C z^{-M'}$ eindeutig, so gilt $MC = CM'$, und folglich $z^M C z^{-M'} = C$.

Beweis. O.B.d.A. seien M und M' in Jordan'scher Normalform.
Die Eindeutigkeit von $z^M Cz^{-M'}$ bedeutet

$$e^{2\pi i M} C e^{-2\pi i M'} = C,$$

folglich ist $e^{2\pi i M}$ ähnlich zu $e^{2\pi i M'}$. Also unterscheiden sich die Jordanschen Normalformen von $e^{2\pi i M}$ und $e^{2\pi i M'}$ höchstens durch die Anordnung der einzelnen Blöcke.
Beachtet man die Zugehörigkeit der Eigenwerte von M, M' zu einem Repräsentantensystem mod 1, so folgt mit Lemma 2, daß auch M und M' sich höchstens durch verschiedene Anordnung ihrer

Jordanblöcke unterscheiden können; also ist $M = P^{-1} M' P$ für eine passende Blockpermutationsmatrix P. Daher ist

(1) $e^{2\pi i M} C' = C' e^{2\pi i M}$ mit $C' = C P$,

und zu zeigen ist nunmehr $M C' = C' M$.

Wird

$$M = \mathrm{diag}[M_1, \ldots, M_\ell]$$

gesetzt, wobei M_j alle Blöcke von M zum selben Eigenwert umfaßt (eine eventuelle Umordnung von M ändert das Problem nicht), und wird $C' = [C'_{jk}]$ $(1 \leq j,k \leq \ell)$ in entsprechender Weise geblockt, so ergibt sich aus (1)

$$e^{2\pi i M_j} C'_{jk} = C'_{jk} e^{2\pi i M_k} ,$$

woraus $C'_{jk} = 0$ $(j \neq k)$ mit Lemma 1 folgt.

Somit können wir o.B.d.A. annehmen, daß M nur einen Eigenwert hat, ja sogar, daß M nilpotent ist (da skalare Vielfache der Einheitsmatrix mit C' kommutieren).

Dann ist aber

$$z^{\pm M} = I \pm M \log z + \frac{(M \log z)^2}{2!} \pm \ldots ,$$

und die Reihe bricht sogar ab. Dies ergibt

$$z^{M} C' z^{-M} = C' + (MC' - C'M)\log z + \ldots ,$$

was nur dann eindeutig ist, wenn $MC' = C'M$ ist.

Der Beweis zeigt auch den folgenden

Zusatz. In der gegebenen Situation unterscheiden sich M und M' also nur in der Anordnung der einzelnen Blöcke. Ist insbesondere M' = M und sind die Blöcke mit gleichen Eigenwerten zu "großen" Unterblöcken zusammengefaßt, so muß in der entstehenden Blockstruktur C diagonal geblockt sein.

Anwendung. Die Jordansche Normalform mod 1 der eigentlichen Monodromiematrix ist eine eigentlich meromorphe Invariante.

Beweis. Seien $E(z)\, z^{M}$ und $\tilde{E}(z)\, z^{\tilde{M}}$ eigentliche Lösungen der eigentlich meromorphen Dgln [A] bzw. $[\tilde{A}]$, die eigentlich meromorph äquivalent sind mittels einer Transformation T; dabei sollen M und $\tilde{M}$ schon in Jordanscher Normalform sein mit Eigenwerten aus einem gemeinsamen Repräsentantensystem mod 1 und mit a priori gewählter Anordnung der einzelnen Unterblöcke.
Aus $T(z)\, \tilde{E}(z)\, z^{\tilde{M}} = E(z)\, z^{M} C$ folgt die Eindeutigkeit von $z^{M} C\, z^{-\tilde{M}}$, und damit ist die Proposition einschließlich Zusatz anwendbar.

d) Beweis von Satz II:

α) Sei [A] formal meromorph äquivalent zu [B], d.h. für eine geeignete formale meromorphe Transformation T gilt X = T Y. Daraus folgt, daß $T H_B$ formale Fundamentallösung von [A] sein muß, also gilt

$$T H_B = H_A C$$

für eine geeignete konstante invertierbare Matrix C, genauer

$$T F_B z^{J_B} U_B e^{Q_B} = F_A z^{J_A} U_A e^{Q_A} C .$$

Daraus ergibt sich, daß $e^{Q_A(z)} C e^{-Q_B(z)}$ eine formale logarithmische Matrix ist. Teilen wir die Spalten (bzw. Zeilen) von C passend zur Blockstruktur von Q_B (bzw. Q_A), so ergibt sich (vergl. S. 20)

$$e^{Q_A(z)} C e^{-Q_B(z)} = \left[C_{jk} e^{q_j^{(A)}(z) - q_k^{(B)}(z)} \right] .$$

Genau wie auf S. 2o folgt:

Zu jedem j existiert genau ein k mit $q_j^{(A)} = q_k^{(B)}$ (und umgekehrt), und die zugehörigen Blöcke in Q(z) sind gleich groß. Wegen der getroffenen a-priori-Anordnungen für Q_A , Q_B ergibt sich

$$Q_A = Q_B \; (= Q) .$$

Die Matrix C ist daher diagonal geblockt, mit Blöcken der Größe wie in Q, und deshalb ist

$$Q C = C Q .$$

β) Nach Teil α) ergibt sich im Äquivalenzfall

(wegen $Q_A = Q_B$ ist $U_A = U_B = U$)

$$T\,F_B\, z^{J_B}\, U = F_A\, z^{J_A}\, U\, C\ ,$$

also

$$F_A^{-1}\, T\, F_B = z^{J_A}\, \hat{C}\, z^{-J_B} \tag{2}$$

mit $\hat{C} = U\, C\, U^{-1}$.

Die rechte Seite von (2) ist eine direkte Summe von Oberblöcken; in jedem Oberblock ist

$$J_A = J_A' + U',$$

$$J_A' = \mathrm{diag}[J_s^{(A)},\dots,J_s^{(A)}]\ ,$$

$$U' = \mathrm{diag}[0_s,\ \tfrac{1}{p}\, I_s,\dots,\tfrac{p-1}{p}\, I_s]\ .$$

Die Eigenwerte von $J_s^{(A)}$ entstammen einem universellen Repräsentantensystem mod $\frac{1}{p}$, daher gehören die Eigenwerte von $J_A = J_A' + U'$ einem entsprechenden Repräsentantensystem mod 1 an. Dasselbe gilt auch für J_B , weil $Q_B = Q_A$ ist.

In jedem Oberblock ist außerdem $z^{J_A}\, \hat{C}\, z^{-J_B}$ eindeutig (da die linke Seite von (2) formal meromorph ist), deshalb ist nach der

Proposition

$$(3)\quad J_A \hat{C} = \hat{C} J_B$$

in jedem Oberblock. Da $J_s^{(A)} + \frac{j-1}{p} I_s$ und $J_s^{(B)} + \frac{k-1}{p} I_s$ für $k \neq j$ keinen Eigenwert gemeinsam haben, folgt aus Lemma 1, daß $\hat{C}$ diagonal geblockt sein muß in Blöcke der Größe s.

Es ist aber $\hat{C} U = U C$, und da $U = [\,\varepsilon^{(j-1)(k-1)} I_s]$, ergibt sich mit den Bezeichnungen

$$\hat{C} = \operatorname{diag}[\hat{C}_1,\ldots,\hat{C}_p]\ ,$$

$$C = \operatorname{diag}[C_1,\ldots,C_p]\ ,$$

daß

$$\hat{C}_j\ \varepsilon^{(j-1)(k-1)} = \varepsilon^{(j-1)(k-1)}\ C_k\ ,$$

also $\quad \hat{C} = C$, und $C_1 = \ldots = C_p$.

Daher kommutiert C mit Q und R, und aus (3) folgt:

$$J_s^{(A)}\ C_j = C_j\ J_s^{(B)}\ .$$

Dies bedeutet, daß $J_s^{(A)}$ ähnlich zu $J_s^{(B)}$ ist, woraus auf Grund unserer Normalisierungen sofort $J_s^{(A)} = J_s^{(B)}$ $(= J_s)$ folgt, d.h. sogar

$$J_A = J_B\ (= J)\ ,$$

und J und C kommutieren.

Aus (2) folgt

$$F_A^{-1}\,T\,F_B = C, \text{ oder } T = F_A\,C\,F_B^{-1}\ .$$

Somit ist eine Richtung des Beweises gezeigt.

γ) Sei jetzt $G_A = G_B$ (= G) und für eine konstante invertierbare Matrix C, die mit G kommutiert, sei

$$T = F_A\,C\,F_B^{-1}\ .$$

Dann folgt

$$T\,H_B = F_A\,C\,F_B^{-1}\,F_B\,G$$

$$= F_A\,G\,C = H_A\,C\ ;$$

folglich ist [A] zu [B] formal meromorph äquivalent und jedes solche T eine mögliche Transformation.
Damit ist Satz II bewiesen.

e) Formale wurzelmeromorphe Invarianten:
Analog, aber etwas einfacher, ist die Frage nach den Invarianten unter formalen meromorphen Transformationen in einer Wurzel $z^{\frac{1}{g}}$ (g > 0 ganz); d.h. $T^{\pm 1}(z)$ ist eine formale wurzelmeromorphe Reihe. In diesem Fall sprechen wir von formalen wurzelmeromorphen Transformationen und entsprechend von formaler wurzelmeromorpher Äquivalenz bzw. Invarianten.

Wir schreiben zunächst die formale Lösung H(z) in der Form

$$H(z) = \Phi(z)\, z^{J'}\, e^{Q(z)}, \quad \Phi(z) = F(z)\, z^{U'}\, U.$$

Dann ist $\Phi^{\pm 1}(z)$ formal wurzelmeromorph. In den Spalten von Φ, die zu einem Oberblock von Q gehören, kommt man dabei mit $g = p$ aus. Wenn man in Φ aber auch andere Wurzeln zuläßt, können die Eigenwerte von J' um beliebige rationale Zahlen geändert werden.

Wir wählen a priori (mit Hilfe des Auswahlaxioms) ein Repräsentantensystem modulo rationaler Zahlen, und ändern die Eigenwerte von J_s (und dementsprechend von J') zu Repräsentanten ab. Bei den so entstehenden $\dot{J}_s$ einigen wir uns erneut (a priori) auf eine feste Reihenfolge der einzelnen Jordanblöcke. Die p-malige Wiederholung von $\dot{J}_s$ führt zu dem Oberblock $\dot{J}$ und diese führen zur totalen Matrix $\dot{J}$. Es gibt dann eine formale Lösung der Form

$$H(z) = \Phi(z)\, z^{\dot{J}}\, e^{Q(z)},$$

und wir schreiben im selben Sinne wie am Schluß von 4.a

$$Q = Q_A, \quad \dot{J} = \dot{J}_A, \quad \Phi = \Phi_A.$$

(Nachdem $\dot{J}_s$ angeordnet ist, erscheint es natürlich, die Anordnung von J_s so einzurichten, daß $J_s = \dot{J}_s + D_s$ gilt mit diagonalem D_s mit rationalen Elementen.)

Mit diesen Bezeichnungen hat Satz II das folgende wurzelmeromorphe Analogon.

Satz II'. Eine formale Dgl [A] ist formal wurzelmeromorph äquivalent zu [B] genau dann, wenn

$$z^{\dot{J}_A} e^{Q_A(z)} = z^{\dot{J}_B} e^{Q_B(z)} \text{, d.h. } Q_A = Q_B \text{ und } \dot{J}_A = \dot{J}_B .$$

Im Äquivalenzfall sind alle formalen wurzelmeromorphen Transformationen gegeben durch

$$T(z) = \Phi_A(z)\, C\, \Phi_B^{-1}(z) ,$$

wobei C die konstanten, invertierbaren Matrizen durchläuft, die mit $Q(= Q_A = Q_B)$ und $\dot{J}(= \dot{J}_A = \dot{J}_B)$ kommutieren (d.h. C ist diagonal geblockt, und in jedem Oberblock kommutieren seine Blöcke mit $\dot{J}_s$).

Bemerkungen. Aus Satz II' ergibt sich:

(i) Eine eigentlich meromorphe Dgl [A] ist eigentlich wurzelmeromorph äquivalent zu [B] genau dann, wenn $\Phi_A\, C\, \Phi_B^{-1}(z)$ durch Wahl eines zulässigen C konvergent gemacht werden kann.

(ii) Wird A = B gesetzt, so ergibt sich, daß Q_A und $\dot{J}_A$ der Dgl [A] eindeutig zugeordnet sind. Außerdem sind diese Größen formale wurzelmeromorphe Invarianten.

In $H_A = \Phi_A\, z^{\dot{J}}\, e^{Q(z)}$ kann sicher Φ_A durch $\Phi_A C$ ersetzt werden, wenn C mit $z^{\dot{J}}\, e^{Q(z)}$ kommutiert. Umgekehrt, ist $\Phi_B\, z^{\dot{J}}\, e^{Q(z)}$ irgendeine formale Fundamentallösung von [B] = [A], so muß es nach Satz II' ein C geben, das mit Q und $\dot{J}$, also auch mit $z^{\dot{J}}\, e^{Q(z)}$ kommutiert, so daß

$$T = I = \Phi_A\, C\, \Phi_B^{-1} \text{, also } \Phi_B = \Phi_A\, C .$$

Außerdem folgt, daß C genau mit $z^{\dot{J}}\ e^{Q(z)}$ kommutiert, wenn es auch mit Q(z) und $\dot{J}$ kommutiert (C immer konstant und invertierbar vorausgesetzt).

(iii) Das Paar $(Q,\dot{J})$ ist ein vollständiges System von formalen wurzelmeromorphen Invarianten. Alle anderen formalen wurzelmeromorphen Invarianten sind deshalb Funktionen von $(Q,\dot{J})$. Statt $(Q,\dot{J})$ kann auch $z^{\dot{J}}\ e^{Q(z)}$ betrachtet werden. Wir nennen $z^{\dot{J}}\ e^{Q(z)}$ den <u>formalen wurzelmeromorphen Typ</u> der Lösungen.

(iv) Die Größen Q und $\dot{J}$ sind frei innerhalb der vorgenommenen a-priori-Normalisierungen und der sonstigen Spezifikationen, da $(z^{\dot{J}}\ e^{Q(z)})'(z^{\dot{J}}\ e^{Q(z)})^{-1} = \frac{\dot{J}}{z} + Q'(z)$ eine Dgl definiert, die ein vorgegebenes System $(Q,\dot{J})$ als formale wurzelmeromorphe Invarianten hat. Auch hier lassen sich die Invarianten durch endlich viele unabhängige Konstanten beschreiben.

(v) Die formale wurzelmeromorphe Normalform von [A] ist $\frac{\dot{J}}{z} + Q'(z)$; sie ist diagonal geblockt und ergibt in jeder Äquivalenzklasse genau einen Repräsentanten.

<u>f) Beweis von Satz II':</u>

α) Sei [A] formal wurzelmeromorph äquivalent zu [B] mittels einer wurzelmeromorphen Transformation T. Dann ist

$$T\ H_B = H_A\ C$$

für eine geeignete konstante, invertierbare Matrix C, genauer

$$(4)\quad T\ \Phi_B\, z^{\dot{J}_B}\, e^{Q_B} = \Phi_A\, z^{\dot{J}_A}\, e^{Q_A}\, C\ .$$

Daraus folgt, daß $e^{Q_A(z)}\ C\ e^{-Q_B(z)}$ eine formale logarithmische Matrix ist. Wie im Beweis von Satz II ist daher $Q_A = Q_B = Q$, und die Matrix C ist diagonal geblockt analog wie Q, so daß

$$Q\,C = C\,Q\ .$$

Daher reduziert sich (4) zu

$$(4')\quad T\ \Phi_B\, z^{\dot{J}_B} = \Phi_A\, z^{\dot{J}_A}\, C\ .$$

Führen wir für eine geeignete ganze Zahl g die neue Variable $t = z^{\frac{1}{g}}$ ein, so folgt aus (4'), daß

$$t^{g\dot{J}_A}\ C\ t^{-g\,\dot{J}_B}$$

eine eindeutige Funktion der Variablen t ist.

Die Eigenwerte von $\dot{J}_A$ und $\dot{J}_B$ entstammen einem gemeinsamen Repräsentantensystem modulo rationaler Zahlen, daher sind insbesondere die Eigenwerte von $g\,\dot{J}_A$ und $g\dot{J}_B$ aus einem gemeinsamen Repräsentantensystem mod 1. Daher folgt mit der Proposition direkt

$$C\,\dot{J}_A = \dot{J}_B\ C \ \text{(auch blockweise)}, \ \dot{J}_A = \dot{J}_B = J\ ,$$

und (4') vereinfacht sich zu

$$T\ \Phi_B = \Phi_A\ \ C\ .$$

β) Sei jetzt $z^{\dot{J}_A} e^{Q_A} = z^{\dot{J}_B} e^{Q_B}$ und für eine konstante, invertierbare Matrix C mit $C\, z^{\dot{J}_B} e^{Q_B} = z^{\dot{J}_A} e^{Q_A} C$

sei $T = \Phi_A C \Phi_B^{-1}$. Dann folgt

$$T\, H_B = \Phi_A C\, z^{\dot{J}_B} e^{Q_B} = \Phi_A\, z^{\dot{J}_A} e^{Q_A} C$$

$$= H_A C ,$$

und daher ist [A] formal wurzelmeromorph äquivalent zu [B], und jedes T der behaupteten Art ist eine mögliche Transformation.

g) <u>Bemerkung:</u>

Verschiedentlich sind Matrixen C aufgetreten, die mit einer Jordan-Matrix M (wie J_s oder $\dot{J}_s$) kommutieren. Diese lassen sich explizit beschreiben: Sind in M die einzelnen Jordanblöcke mit demselben Eigenwert zu einem großen Unterblock zusammengefaßt, so muß C in der entsprechenden Unterblockstruktur (nach Lemma 1) diagonal geblockt sein. Die Struktur dieser Blöcke ergibt sich aus dem Spezialfall, in dem M nur einen Eigenwert (sagen wir Null) hat. Zerfällt M in die Jordanblöcke $N_1,\ldots,N_m$ und ist C entsprechend geblockt, $C = [C_{ij}]$ mit $i,j = 1,\ldots,m$, so hat jedes C_{ij} die Form

$$\begin{bmatrix} c_1 & 0 & \cdots & 0 & 0 & \cdots & 0 \\ c_2 & c_1 & \ddots & \vdots & \vdots & & \vdots \\ \vdots & \ddots & \ddots & \vdots & \vdots & & \vdots \\ \vdots & & \ddots & 0 & 0 & & 0 \\ c_k & \cdots & c_2 & c_1 & 0 & \cdots & 0 \end{bmatrix} \quad \text{bzw} \quad \begin{bmatrix} 0 & \cdots & \cdots & 0 \\ \vdots & & & \vdots \\ 0 & \cdots & \cdots & 0 \\ c_1 & 0 & \cdots & 0 \\ c_2 & c_1 & \ddots & \vdots \\ \vdots & \ddots & \ddots & 0 \\ c_k & \cdots & c_2 & c_1 \end{bmatrix}$$

mit denselben Matrixelementen innerhalb einer Schräglinie.

5. Formale Feinstruktur

In der formalen meromorphen Theorie betrachten wir Lösungen der Form

$$H(z) = F_m(z)\, G_m(z) \ , \quad G_m(z) = z^J\, U\, e^{Q(z)} \ ,$$

wobei die formale meromorphe Transformation $F_m(z)$ durch $F_m C$ ersetzt werden kann für jede konstante invertierbare Matrix C, die mit G_m kommutiert.
Solche C sollen G_m - zulässig heißen.

Schränken wir die Klasse der Transformationen zwischen den Lösungen ein auf formale Potenzreihen

$$T(z) = \sum_{k=0}^{\infty} T_k\, z^{-k}$$

mit invertierbarem T_0 bzw. mit $T_0 = I$, so sprechen wir von *formaler analytischer Äquivalenz* bzw. *formaler Birkhoff - Äquivalenz*; die Transformationen sollen *formale analytische* bzw. *formale Birkhoff-Transformationen* heißen und werden mit $T_a(z)$ bzw. $T_b(z)$ bezeichnet. Formale meromorphe Transformationen werden künftig mit $T_m(z)$ bezeichnet werden. Von *eigentlicher analytischer Äquivalenz* bzw. *eigentlicher Birkhoff - Äquivalenz* sprechen wir, wenn die betrachteten Transformationen eine in der Nähe von $z = \infty$ konvergente Entwicklung haben.

Bei diesen engeren Äquivalenzbegriffen wird die Singularität der Lösungen genauer erhalten: bei analytischer Äquivalenz z.B. wird ein Pol der Lösung nicht geändert. Dementsprechend gibt es weitere Invarianten, die wir als *formale analytische Invarianten* bzw. *eigentliche analytische Invarianten* bezeichnen. Bei Birkhoff'scher Äquivalenz achten wir sogar auf das Hauptglied der asymptotischen Entwicklung, was zur größten Klasse von Invarianten führt, den *formalen* bzw. *eigentlichen Birkhoff - Invarianten*. Man kann die Reduktionstheorie von Birkhoff als den Vorläufer dieser Invariantentheorie ansehen.

a) Hermite'sche Normalform:

Wir wollen im nächsten Abschnitt den Teil F_m der formalen Lösung weiter normalisieren, um die zusätzlichen formalen analytischen Invarianten herauszuheben. Dabei ist die sogenannte *Hermite'sche Normalform* meromorpher Transformationen von Nutzen.

Proposition. Jede formale meromorphe Transformation $F_m(z)$ läßt sich eindeutig faktorisieren als

$$F_a(z)\, P(z)\, z^K \;;$$

dabei ist $F_a(z)$ eine formale analytische Transformation, $P(z)$ ein Matrixpolynom in z mit Nullen oberhalb der Diagonalen, Einsen auf der Diagonalen und $P(0) = I$, und schließlich K eine Diagonalmatrix ganzer Zahlen.

Beweis. Wir zeigen, daß F_m auf die Form $P(z)\, z^K$ gebracht werden kann durch wiederholte Anwendung von Operationen folgender Art:

(i) Vertauschen von Zeilen.

(ii) Multiplikation einer Zeile mit einer skalaren formalen analytischen Transformation (also $\neq 0$ für $z = \infty$).

(iii) Hinzufügen eines Vielfachen einer Zeile zu einer anderen; dabei darf der Faktor, mit dem die erste Zeile multipliziert wird, eine skalare formale Potenzreihe sein.

Diese Operationen entsprechen einer Multiplikation von links mit Matrizen vom Typ formaler analytischer Transformationen.

Dabei gehen wir wie folgt vor:

Die letzte Spalte von F_m enthält mindenstens ein von Null verschiedenes Element, da F_m^{-1} existiert. Unter diesen Elementen bestimmen wir eines, welches mit der höchsten z - Potenz beginnt und bringen es in die Position (n,n). Durch Multiplikation der n-ten Zeile wie in (ii) kann es auf die Form z^{k_n} gebracht werden, und durch Operationen der Art (iii) können alle anderen Elemente der letzten Spalte zu Null gemacht werden.

In der vorletzten Spalte behandeln wir die n-1 ersten Elemente ganz analog wie vorher die letzte Spalte. Danach hat das Element in der Position (n-1,n-1) die Form $z^{k_{n-1}}$, die darüberstehenden sind Null. Das Element in der Position (n,n-1) kann Potenzen z^m mit $m > k_{n-1}$ enthalten; in jedem Fall können durch eine Operation der Art (iii) in diesem Element alle Glieder der Form z^m mit $m \leq k_{n-1}$ zu Null gemacht werden. Dabei wird die erreichte Situation in der n-ten Spalte nicht geändert.

In analoger Weise werden die Spalten n-2,...,2,1 behandelt, und es ergibt sich eine Matrix, die von der Form $P(z)\ z^K$ ist. Damit ist die Existenz der Faktorisierung bewiesen.

Wäre $\tilde{F}_a(z)\ \tilde{P}(z)\ z^{\tilde{K}}$ eine weitere Faktorisierung von $F_m(z)$, so ergäbe sich

$$P(z)\ z^{K-\tilde{K}}\ \tilde{P}^{-1}(z) = F_a^{-1}(z)\ \tilde{F}_a(z)\ .$$

Da $\tilde{P}^{-1}(z)$ wieder vom gleichen Typ wie $\tilde{P}(z)$ ist, ergibt sich links eine untere Dreiecksmatrix, rechts eine formale analytische Transformation. Durch Betrachtung der Diagonalen ergibt sich, daß $K - \tilde{K}$ keine positiven Elemente enthalten kann. Die Bezeichnungen der beiden Faktorisierungen sind aber vertauschbar, und daher ist $K = \tilde{K}$. Aber $P(z)\ \tilde{P}^{-1}(z)$ ist genau dann formal analytisch, wenn $P(z)\ \tilde{P}^{-1}(z)$ = konstant = I, also $P(z) = \tilde{P}(z)$ gilt. Damit ist die Eindeutigkeit der Faktorisierung bewiesen.

b) Analytische Normalisierung:

Eine formale meromorphe Transformation $F_m(z)$ läßt sich mit formalen analytischen Transformationen zu $P(z)\ z^K$ vereinfachen, und $P(z)\ z^K$ ist $F_m(z)$ sogar eindeutig zugeordnet, nicht aber der Dgl, denn in der formalen Lösung $H(z)$ kann F_m durch $F_m C$ mit G_m - zulässigem C ersetzt werden, was bei Anwendung der Proposition zu einer (eventuell anderen) vereinfachten Form $\tilde{P}(z)\ z^{\tilde{K}}$ führt. Wir nennen daher einen Ausdruck $P(z)\ z^K$ äquivalent zu $\tilde{P}(z)\ z^{\tilde{K}}$ (relativ zu G_m), wenn es eine analytische Transformation T sowie eine G_m - zulässige Matrix C gibt mit

$$(1) \quad P(z)\ z^K\ C = T(z)\ \tilde{P}(z)\ z^{\tilde{K}} .$$

Da die G_m - zulässigen Matrizen sowie die analytischen Transformationen jeweils eine Gruppe bilden, ist durch (1) tatsächlich eine Äquivalenzrelation definiert. Aus jeder Äquivalenzklasse wählen wir a priori einen Repräsentanten $P(z)\ z^K$ aus. Es läßt sich stets eine formale Lösung der Form

$$H(z) = F_a(z)\ G_a(z)\ ,\ G_a(z) = P(z)\ z^K\ G_m(z)$$

finden, wobei $P(z)\ z^K$ eben dieser Repräsentant ist, denn ist $H(z) = F_m(z)\ G_m(z)$ eine formale Lösung und durchläuft C die Gruppe der G_m - zulässigen Matrizen, so muß in der eindeutigen Faktorisierung von $F_m(z)\ C = \tilde{F}_a(z)\ \tilde{P}(z)\ z^{\tilde{K}}$ der Teil $\tilde{P}(z)\ z^{\tilde{K}}$ die volle Äquivalenzklasse durchlaufen; also gibt es ein

G_m - zulässiges C mit

$$F_m(z)\ C = F_a(z)\ P(z)\ z^K\ ,$$

wobei $P(z)\ z^K$ der a priori gewählte Repräsentant ist. Wir nehmen dann

$$H(z)\ C = F_m(z)\ C\ G_m(z)$$

als formale Lösung.

c) Formale analytische Invarianten:

Wir formulieren

Satz III. Eine formale Dgl [A] ist formal analytisch äquivalent zu [$\tilde{A}$] genau dann, wenn

$$G_a(z) = \tilde{G}_a(z)\ ,\ \text{d.h.}\ G_m(z) = \tilde{G}_m(z)\ \text{und}\ P(z) = \tilde{P}(z),\ K = \tilde{K}.$$

Im Äquivalenzfall sind alle formalen analytischen Transformationen gegeben durch

$$T(z) = F_a(z)\ C(z)\ \tilde{F}_a^{-1}(z)\ ,$$

wobei C(z) die formalen analytischen Transformationen durchläuft, für die

(2) $$P(z)\ z^K\ C = C(z)\ P(z)\ z^K$$

mit einer G_m - zulässigen Matrix C gilt.

Bemerkungen. Aus Satz III ergibt sich:

(i) Wird $A = \tilde{A}$ gesetzt, so folgt, daß neben G_m auch P und K, also insgesamt G_a durch A eindeutig bestimmt ist. Die Größen P und K sind formale analytische Invarianten und bilden zusammen mit G_m (also Q und J) ein vollständiges System. Alle diese Invarianten sind durch endlich viele Konstanten beschrieben, die frei sind innerhalb unserer Spezifikationen (und mod der letzten Äquivalenz). Ebenso bildet G_a ein vollständiges (formales analytisches) Invariantensystem und kann als der formale analytische Typ der Lösungen bezeichnet werden. Dementsprechend ist $[G_a' \, G_a^{-1}]$ die formale analytische Normalform der Dgl.

(ii) An Stelle eines gewählten $F_a(z)$ läßt sich auch $F_a(z)\, C(z)$ benutzen, wobei C(z) sich aus (2) ergibt; weitere Möglichkeiten gibt es nicht. Die Matrizen C, die (2) erfüllen, bilden eine Untergruppe der G_m - zulässigen Matrizen; wir nennen sie G_a - zulässig. (Dieser Begriff hängt von der Wahl des Repräsentanten $P(z)\, z^K$ ab, den man so wählen sollte, daß sich diese Matrizen möglichst einfach beschreiben lassen. Außerdem ist es erstrebenswert, K möglichst der Blockstruktur von J bzw. J_s anzupassen).

Die Zuordnung $C \to C(z)$ ist bijektiv (vergl. die Proposition) und ein Gruppenhomomorphismus; also bilden die auftretenden Matrixfunktionen C(z) selbst eine Gruppe, die durch Invarianten festgelegt ist.

Die Gleichung

(3) $G_a(z)\ C = C(z)\ G_a(z)$

zeigt, wie die G_a - zulässigen C mit G_a kommutieren. Umgekehrt ist jedes C, das (3) mit einer formalen analytischen Transformation C(z) erfüllt, eine G_a - zulässige Matrix. Aus (2) erkennt man, daß C(z) ein Polynom in z^{-1} ist.

d) Beweis von Satz III:

α) Sei [A] formal analytisch äquivalent zu $[\tilde{A}]$, dann gibt es eine formale analytische Transformation T, so daß für eine konstante, invertierbare Matrix C gilt

(4) $T\ \tilde{H} = H\ C$, genauer $T\ \tilde{F}_a\ \tilde{P}\ z^{\tilde{K}}\ \tilde{G}_m = F_a\ P\ z^K\ G_m\ C$.

Nach Satz II ist $G_m = \tilde{G}_m$ und $C\ G_m = G_m\ C$.
Also folgt aus (4)

(4') $T\ \tilde{F}_a\ \tilde{P}\ z^{\tilde{K}} = F_a\ P\ z^K\ C$,

oder

$$P(z)\ z^K\ C = (F_a^{-1}(z)\ T(z)\ \tilde{F}_a(z))\ \tilde{P}(z)\ z^{\tilde{K}} .$$

Deshalb sind $P(z)\ z^K$ und $\tilde{P}(z)\ z^{\tilde{K}}$ äquivalent (relativ zu $G_m = \tilde{G}_m$). Wegen unserer Repräsentantenwahl ist also $P(z)\ z^K = \tilde{P}(z)\ z^{\tilde{K}}$, d.h. $K = \tilde{K}$ und $P(z) = \tilde{P}(z)$, und daher ist C sicher G_a - zulässig mit $C(z) = F_a^{-1}(z)\ T(z)\ \tilde{F}_a(z)$; vergl. die

Proposition . Damit folgt die behauptete Darstellung für T.

β) Sei $G_a = \tilde{G}_a$, und sei für eine konstante, invertierbare Matrix C, die (3) erfüllt (mit formalem analytischem C(z)),

$$T(z) = F_a(z)\; C(z)\; \tilde{F}_a^{-1}(z) \; .$$

Dann ist

$$T(z)\; \tilde{H}(z) = F_a(z)\; C(z)\; G_a(z)$$

$$= F_a(z)\; G_a(z)\; C \; ,$$

also [A] äquivalent zu [Ã] und T eine mögliche Transformation.

e) Birkhoff-Normalisierungen:

In der formalen analytischen Theorie haben die normalisierten Lösungen die Form

$$H(z) = F_a(z)\; G_a(z) \; , \; G_a(z) = P(z)\; z^K\; G_m(z) \; ,$$

wobei sich die formale analytische Transformation $F_a(z)$ noch ersetzen läßt durch $F_a(z)$ C(z) mit den analytischen Transformationen C(z), die mittels (2) den G_a - zulässigen Matrizen C entsprechen. Wir schreiben

$$F_a(z) = F_o + F_1\; z^{-1} + \ldots \; , \; C(z) = C_o + C_1\; z^{-1} + \ldots \; .$$

Mit einer formalen Birkhoff-Transformation

$$T(z) = I + T_1\; z^{-1} + \ldots$$

läßt sich $F_a(z)$ bzw. $F_a(z)\ C(z)$ zu der konstanten Matrix $F_\circ$ bzw. zu $F_\circ C_\circ$ vereinfachen. Beachte, daß die Zuordnung $C \to C_\circ = C(\infty)$ ein Gruppenhomomorphismus ist, so daß die dabei auftretenden Matrizen $C_\circ$ eine Gruppe bilden, die wieder durch Invarianten festgelegt ist.

Wir nennen zwei Matrizen $F_\circ$ und $\tilde{F}_\circ$ äquivalent (relativ zu G_a), wenn es ein $C_\circ$ aus dieser Gruppe gibt mit $F_\circ\ C_\circ = \tilde{F}_\circ$. Tatsächlich ist dies eine Äquivalenzrelation, und wir wählen wieder _a priori_ in jeder Äquivalenzklasse einen _Repräsentanten._ Ist $F_\circ$ der Repräsentant, so durchläuft $F_\circ\ C_\circ$ die Äquivalenzklasse, wenn C die G_a - zulässigen Matrizen durchläuft.
Ist $\tilde{H}(z) = \tilde{F}_a\ G_a(z)$ formale Lösung von [A], und ist $\tilde{F}_a(z) = \tilde{F}_\circ + \tilde{F}_1\ z^{-1} + \ldots$, mit $F_\circ = \tilde{F}_\circ\ C_\circ$ (wobei $F_\circ$ der gewählte Repräsentant ist), so gilt für ein zu $C_\circ$ gehöriges, G_a - zulässiges C:

$$\begin{aligned} H(z) &= \tilde{H}(z)\ C = \tilde{F}_a\ C(z)\ G_a(z) \\ &= (\tilde{F}_\circ\ C_\circ + \ldots)\ G_a \\ &= (I + \ldots)\ F_\circ\ G_a\ . \end{aligned}$$

Also existiert stets eine formale Lösung der Form

$$(5)\quad H(z) = F_b(z)\ G_b(z)\ ,\ G_b(z) = F_\circ\ G_a(z)\ ,$$

mit einer formalen Birkhoff-Transformation $F_b(z)$.

f) Formale Birkhoff-Invarianten:

Wir formulieren

Satz III'. Eine formale Dgl [A] ist formal Birkhoff - äquivalent zu [$\tilde{A}$] genau dann, wenn

$$G_b(z) = \tilde{G}_b(z), \text{ d.h. } G_a(z) = \tilde{G}_a(z) \text{ und } F_\circ = \tilde{F}_\circ .$$

Im Äquivalenzfall sind alle formalen Birkhoff-Transformationen gegeben durch

$$(6) \quad T(z) = F_b(z)\, C_b(z)\, \tilde{F}_b^{-1}(z), \quad C_b(z) = F_\circ C(z)\, F_\circ^{-1} ,$$

wobei $C(z)$ den G_a - zulässigen Matrizen entspricht, bei denen $C_\circ = I$ ist.

Bemerkungen. Aus Satz III' ergibt sich:

(i) Wird $A = \tilde{A}$ gesetzt, so folgt, daß neben G_a auch $F_\circ$, also insgesamt G_b durch A eindeutig bestimmt ist. Die Größe $F_\circ$ ist eine formale Birkhoff-Invariante und bildet zusammen mit G_a (also mit Q, J, K, P) ein vollständiges System. Alle diese Invarianten sind durch endlich viele Konstanten beschrieben, die frei sind innerhalb unserer Spezifikationen (und mod der beiden letzten Äquivalenzen). Ebenso bildet G_b ein vollständiges (formales Birkhoff'sches) Invariantensystem und kann als der formale Birkhoff'sche Typ der Lösungen bezeichnet werden. Dementsprechend ist $[G_b' G_b^{-1}]$ die formale Birkhoff'sche Normalform der Dgl.

(ii) An Stelle eines gewählten $F_b(z)$ lassen sich genau alle $F_b(z)\ C_b(z)$ benutzen, wobei $C_b(z)$ gemäß (6) den G_a-zulässigen Matrizen mit $C_0 = I$ entspricht. Diese C wollen wir G_b-zulässig nennen. Sie bilden eine durch Invarianten festgelegte Untergruppe der G_a - zulässigen Matrizen, und das gleiche gilt von den Matrizen $C_b(z)$. (Der Repräsentant F_0 sollte so gewählt werden, daß die Matrizen $C_b(z)$ möglichst einfach sind.) Falls es ein $C_b(z) \neq I$ gibt, lassen sich diese verwenden, um $F_b(z)$ noch weiter zu normalisieren. Im Moment wollen wir dies nicht tun, sondern lassen alle möglichen F_b und dementsprechend alle $H = F_b\ G_b$ zu.

Die Gleichung $G_b(z)\ C = C_b(z)\ G_b(z)$ zeigt, wie die G_b-zulässigen C mit $G_b(z)$ kommutieren. Umgekehrt ist jedes C, das eine solche Gleichung mit einer formalen Birkhoff-Transformation $C_b(z)$ erfüllt, eine G_b-zulässige Matrix.

g) Beweis von Satz III':

α) Sei [A] formal Birkhoff-äquivalent zu $[\tilde{A}]$; dann gibt es eine formale Birkhoff-Transformation T, so daß für eine konstante, invertierbare Matrix C gilt

(7) $\quad T\tilde{H} = HC$, genauer $T\tilde{F}_b\ \tilde{F}_0\ \tilde{G}_a = F_b\ F_0\ G_a\ C$.

Nach Satz III ist $\tilde{G}_a = G_a$ und $G_a(z)\ C = C(z)\ G_a(z)$, also C notwendig G_a-zulässig. Also folgt aus (7)

(7') $\quad T(z)\ \tilde{F}_b(z)\ \tilde{F}_0 = F_b(z)\ F_0\ C(z)$, insbesondere (durch Vergleich der konstanten Glieder)

$$\tilde{F}_o = F_o C_o \ .$$

Daher ist $\tilde{F}_o$ zu F_o äquivalent (relativ zu $G_a = \tilde{G}_a$) und somit $\tilde{F}_o = F_o$, $C_o = I$. Folglich ist C sogar G_b-zulässig und $T(z) = F_b(z)\ C_b(z)\ \tilde{F}_b^{-1}(z)$.

β) Sei umgekehrt $G_b = \tilde{G}_b$ und sei $T(z) = F_b(z)\ C_b(z)\ \tilde{F}_b^{-1}(z)$ für eine formale Birkhoff-Transformation $C_b(z)$, die $G_b(z)\ C = C_b(z)\ G_b(z)$ erfüllt für ein passendes C. Dann ist

$$\begin{aligned} T(z)\ \tilde{H}(z) &= F_b(z)\ C_b(z)\ G_b(z) \\ &= F_b(z)\ G_b(z)\ C \\ &= H(z)\ C \ . \end{aligned}$$

Also haben wir Birkhoff-Äquivalenz, und T ist eine mögliche Transformation.

h) Bemerkungen:

(i) Die formale Theorie ist hiermit abgeschlossen, aber einige Fragen bleiben offen; so wäre es etwa wünschenswert, eine natürliche Normalisierung der Repräsentanten $P(z)\ z^K$ und F_o zu finden. Auch wäre es gut zu entscheiden, ob es einen Fall gibt, in dem G_b - zulässige Matrizen $\neq I$ und gleichzeitig ein natürlicher, engerer Äquivalenzbegriff existieren, so daß H durch Invarianten eindeutig festgelegt ist.

(ii) Die ganze vorstehende formale Theorie entstand allein durch Betrachtung der inneren Struktur des Problems mit Hilfe von schrittweisen Verbesserungen der bereits vorliegenden Ergebnisse. Es wird sich zeigen, daß wir in der nun anstehenden eigentlichen Theorie ganz ähnlich zum Ziel kommen werden.

6. Stokes'sche Richtungen und Übergangsmatrizen

Die formale Theorie, die als ein Kapitel der Algebra, genauer der formalen Funktionentheorie, angesehen werden kann, ist nun zu einem Abschluß gekommen. Wir kehren jetzt zurück zu eigentlich meromorphen Dgln

$$X' = A(z)\,X,\; A(z) = z^{r-1} \sum_{k=0}^{\infty} A_k\, z^{-k} \qquad (r \geq 0)$$

mit für $|z| > a$ konvergenter Entwicklung. Die formalen Lösungen H der Dgl seien so normalisiert wie im letzten Kapitel, d.h.

$$H(z) = F_b(z)\, G_b(z) = F_m(z)\, G_m(z)\;,$$

$$G_b(z) = F_o\, P(z)\, z^k\, G_m(z)\;;$$

hierbei sei $G_b(z)$ normalisiert; dagegen werde von $F_b(z)$ nur eine formale Entwicklung der Form

$$F_b(z) = I + F_1\, z^{-1} + F_2\, z^{-2} + \ldots$$

verlangt. Der genaue Freiheitsgrad von $F_b(z)$ ist dann ein rechtsseitiger Faktor $C_b(z)$, der den G_b-zulässigen Matrizen entspricht. Die totale Matrix $Q(z)$ sei wie in 3b geblockt, also

$$Q(z) = \mathrm{diag}[q_1(z)\, I_{s_1}, \ldots, q_\ell(z)\, I_{s_\ell}]$$

(die Zusammenfassung einzelner Blöcke zu Oberblöcken wird zunächst keine Rolle spielen); die übrigen auftretenden Matrizen seien in analoger Weise geblockt.

a) Maximale Sektoren:

Nach Satz A verhält sich jede Lösung $X(z)$ in jedem Sektor S, dessen Winkelöffnung höchstens gleich der festen Zahl δ ist, asymptotisch wie $H(z)C$ mit einer konstanten, invertierbaren Matrix C, die von der Lage des Sektors S abhängt (vergl. die Diskussion im Anschluß an Satz A).
Wir schreiben

(1) $X(z) \cong H(z)C$ in S,

und dies sei erklärt durch

(2) $X(z) = [F_m(z)]_S \, G_m(z) \, C$,

wobei $[F_m(z)]_S$ eine in S analytische Matrixfunktion bezeichnet, die $F_m(z)$ in S als asymptotische Entwicklung für $z \to \infty$ hat, und zwar gleichmäßig in jedem abgeschlossenen Teilsektor (immer mit endlicher Winkelöffnung) von S.

Man prüft leicht nach, daß diese Definition äquivalent ist zu

(2') $X(z) = [F_b(z)]_S \, G_b(z) \, C$.

Gilt $X(z) \cong H(z)C$ in $S = S(\alpha,\beta)$, so betrachten wir alle Sektoren $\tilde{S} \supseteq S$, in denen $X(z)$ die gleiche asymptotische Entwicklung hat; die Vereinigung aller dieser Sektoren ist wieder ein Sektor $S^* = S(\alpha^*, \beta^*)$ $(-\infty \leq \alpha^* \leq \alpha < \beta \leq \beta^* \leq \infty)$. Jeder abgeschlossene Teilsektor von S^* wird von endlich vielen an der Vereinigungsbildung beteiligten Sektoren überdeckt; daher gilt

(3) $X(z) \cong H(z)C$ in S^*,

und S^* ist <u>der maximale Sektor</u>, der S enthält und in dem (3) gilt.

Also ist die Existenz maximaler Sektoren für die Gültigkeit der asymptotischen Entwicklungen klar; dabei hängt S^* von X, HC und S ab.

Besonders einfach ist die Situtation, wenn die formale Entwicklung von $F_b(z)$ in der Nähe von $z = \infty$ konvergiert. Dann ist $H(z)$ eine eigentliche Lösung von [A], also $X(z) = H(z)C'$ und (1) gilt genau dann, wenn $G_m(z)\ C'\ C^{-1}\ G_m^{-1}(z) \cong I$ in S ist. Die hier möglichen $C'\ C^{-1}$ werden wir noch genauer untersuchen. Ist $C' = C$ so folgt natürlich $S^* = S(-\infty,\infty)$, und wir werden später sehen, daß die Umkehrung auch gilt. Dies sind tatsächlich die einzigen Fälle mit unendlichem α^* oder β^*, so daß bei divergentem $F_b(z)$ alle maximalen Sektoren endlich sein müssen. Darum ist die Divergenz der Entwicklung von $F_b(z)$ der innere Grund für das Wechseln der Asymptotik der Lösungen in verschiedenen Sektoren. Trotzdem können auch bei divergentem $F_b(z)$ große maximale Sektoren auftreten, in manchen Fällen mit Öffnungen von mehr als 2π. Daß daraus nicht die Konvergenz von $F_b(z)$ gefolgert werden kann, hat seine Ursache in der Mehrdeutigkeit von $X(z)\ C^{-1}\ G_b^{-1}(z)$, was auf der Verschiedenheit der eigentlichen und der formalen Monodromiematrix beruht.

b) Führungsrelation und Führungswechsel:

In dem Matrixprodukt $H(z)C$ treten i.a. Glieder mit mehreren Exponentialtermen auf, und es ist wichtig zu entscheiden, welches das führende Glied ist. Vielfach ist das Wechseln der Asymptotik einer Lösung durch den Wechsel der führenden Glieder

erklärbar. Um $e^{q_j(z)}$ mit $e^{q_k(z)}$ zu vergleichen, kommt es auf Re $(q_j(z) - q_k(z))$ an.
Sei $j \neq k$, also $q_j(z) \neq q_k(z)$, und

$$q_j(z) - q_k(z) = \sum_{m=1}^{h(j,k)} b_m(j,k)\, z^{r_m(j,k)}$$

mit $0 < r_1 < \ldots < r_h = d$, $b = b_h \neq 0$, $h \geq 1$.
Wir nennen die rationale Zahl $d = d(j,k)$ den Grad von $q_j - q_k$ und schreiben $d = \deg(q_j - q_k)$. Ist $\beta = \beta(j,k)$ eine mögliche Wahl für arg b, so hat $b\, z^d$ das Argument $\beta + d \arg z$. Betrachten wir $z \to \infty$ entlang eines Strahles der Richtung $\arg z = \tau$ (auf der Riemann'schen Fläche von log z), so gilt

$$(4) \qquad \frac{1}{|z|^d} \operatorname{Re}(q_j(z) - q_k(z)) \to |b| \cos(\beta + d\tau);$$

dieser Grenzwert ist $\neq 0$ für $\beta + d\tau \neq -\frac{\pi}{2} \bmod \pi$ und sonst gleich Null.

Wir sagen, daß k gegenüber j führt entlang τ, wenn der Grenzwert in (4) negativ ist, in Zeichen

$$j \prec k \text{ auf } \tau \;;$$

wenn der Grenzwert positiv ist, so gilt $k \prec j$; wenn der Grenzwert Null ist, so sprechen wir von einem Führungswechsel bei dem Paar (j,k):
Setzen wir $\beta + \frac{\pi}{2} = \alpha = \alpha(j,k)$, so richtet sich die Art des

Führungswechsels danach, ob $\tau \equiv -\frac{\alpha}{d} = \gamma(j,k) \bmod \frac{2\pi}{d}$ oder $\tau \equiv \gamma + \frac{\pi}{d} \bmod \frac{2\pi}{d}$ ist. Im ersten Fall gilt $j \prec k$ auf $\tau - \varepsilon$ und $k \prec j$ auf $\tau + \varepsilon$ für kleine $\varepsilon > 0$; im zweiten Fall ist es umgekehrt.

[Wenn der Grenzwert in (2) Null ist, gilt entlang τ genauer: entweder $\mathrm{Re}(q_j(z) - q_k(z)) \to \pm\infty$ (mindestens wie eine Potenz von z) oder $\mathrm{Re}(q_j(z) - q_k(z)) = 0$ sowie $\mathrm{Im}(q_j(z) - q_k(z)) \to \pm\infty$.]

Die Umlaufrelation $Q(z\, e^{2\pi i}) = R^{-1}\, Q(z)\, R$ hat folgende Konsequenz für das Bestehen der Führungsrelation: Die Blockpermutationsmatrix R bestimmt eindeutig eine Permutation π_R der Zahlen $1,2,\ldots,\ell$, so daß gilt

$$q_{j'}(z\, e^{2\pi i}) = q_j(z) \text{ mit } j' = \pi_R(j) .$$

Daher ist

(5) $j \prec k$ auf τ genau, wenn $j' \prec k'$ auf $\tau + 2\pi$,

und $d(j,k) = d(j',k')$. Insbesondere hat das Paar (j,k) genau dann einen Führungswechsel auf τ, wenn (j',k') einen Führungswechsel auf $\tau + 2\pi$ hat.

Unter einer Stokes'schen Richtung für das Paar (j,k) mit $j \neq k$ verstehen wir jede Richtung

$$\tau \equiv \gamma \mod \frac{2\pi}{d} \quad .$$

Hier wechselt also die Führung von k auf j über. Die Richtungen

$$\tau \equiv \gamma + \frac{\pi}{d} \mod \frac{2\pi}{d}$$

sind dann die Stokes'schen Richtungen für das Paar (k,j).

Wir sprechen allgemein von einer Stokes'schen Richtung, wenn diese zu wenigstens einem Paar (j,k) mit $j \neq k$ gehört.
Die Führungsrelation $j \prec k$ ist bei festem τ eine teilweise Ordnung auf $\{1,\ldots,\ell\}$, also antisymmetrisch und transitiv.

c) Stokes'sche Richtungen und Positionsmengen:

In der z - Ebene, d.h. in dem Blatt der Riemann'schen Fläche mit

$$0 \leq \arg z < 2\pi \ ,$$

liegen nur endlich viele Stokes'sche Richtungen.
Wegen (5) ist mit τ auch $\tau + 2\nu\pi$ (ν ganz) eine Stokes'sche Richtung.

Die Stokes'schen Richtungen in der z-Ebene nennen wir Grundrichtungen und bezeichnen sie mit

$$0 \leq \tau_0 < \tau_1 < \ldots < \tau_{m-1} < 2\pi \ (m \geq 0, \text{ ganz}).$$

Ist $\ell \geq 2$, so ist $m \geq 1$; für $\ell = 1$ sei $m = 0$, d.h. wir haben keine Stokes'schen Richtungen. Wir erhalten alle Stokes'schen Richtungen durch

$$\tau_{\mu+\nu m} = \tau_{\mu} + 2\nu\pi, \quad 0 \leq \mu < m, \quad \nu \text{ ganz.}$$

Die Stokes'schen Richtungen liegen also in den verschiedenen Blättern über den Grundrichtungen, und kein Blatt wird dabei ausgelassen.

Ist τ_ν eine beliebige Stokes'sche Richtung, so bezeichnet ϱ_ν die Menge aller Paare (j,k), denen dieses τ_ν zugeordnet ist. Man kann ϱ_ν auch als die Menge der Positionen gewisser Blöcke in der allen Matrizen eigenen Blockstruktur interpretieren. Alles dies ist durch Q, also durch Invarianten bestimmt. Folgende Figur veranschaulicht die Lage:

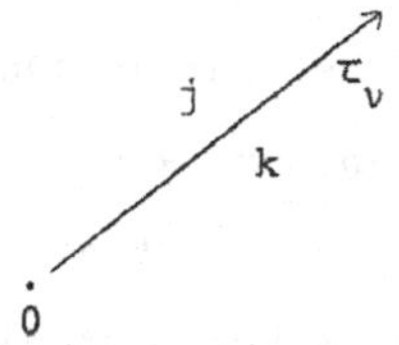

Dabei sollen am Strahl mit der Richtung τ_ν die zugehörigen Paare (j,k) vermerkt sein, und zwar j und k jeweils auf der Seite, auf der sie führen.

Die Gesamtheit der bei τ_ν vermerkten Paare ist somit gerade ϱ_ν. Die Menge ϱ_ν ist analog zur Führungsrelation antisymmetrisch und transitiv, d.h. $(j,k) \in \varrho_\nu$ widerspricht $(k,j) \in \varrho_\nu$, $(i,j) \in \varrho_\nu$ und $(j,k) \in \varrho_\nu$ impliziert $(i,k) \in \varrho_\nu$.

Aus (5) folgt für beliebiges ν:

$$(j,k) \in \varrho_\nu \text{ genau, wenn } (j',k') \in \varrho_{\nu+m},$$

was wir kurz durch

(6) $$\pi_R(\varrho_\nu) = \varrho_{\nu+m}$$

ausdrücken. Daher bestimmen die zu den Grundrichtungen gehörigen Positionsmengen $\varrho_\nu (0 \leq \nu \leq m-1)$ bereits alle übrigen ϱ_ν.

Zu einer Positionsmenge ϱ_ν bilden wir eine Matrix, die wir auch mit ϱ_ν bezeichnen wollen, indem wir den zu einem Paar $(j,k)\in\varrho_\nu$ gehörigen Block in ϱ_ν ganz mit Einsen besetzen, alle übrigen Blöcke mit Nullen. Dann ergibt sich die zu (6) äquivalente Beziehung zwischen den Matrizen ϱ_ν und $\varrho_{\nu+m}$:

(7) $$R^{-1}\,\varrho_\nu\,R = \varrho_{\nu+m}\ .$$

Wir bemerken noch, daß die Mengen $\varrho_0,\ldots,\varrho_{m-1}$ bereits alle Führungsrelationen entlang eines beliebigen Strahls τ bestimmen, denn wie schon erwähnt ergeben sich aus $\varrho_0,\ldots,\varrho_{m-1}$ die übrigen ϱ_ν, und um bei einem festen Paar $j \neq k$, das bei τ nicht ohnehin gerade die Führung wechselt, festzustellen, ob $j \prec k$ oder $k \prec j$ auf τ gilt, braucht man nur im postiven oder negativen Sinn zur nächsten Stokes'schen Richtung τ_ν zu gehen, für die (j,k) oder (k,j) in ϱ_ν liegt.

Für jeden Sektor $S = S(\alpha,\beta)$ betrachten wir die Menge $\sigma = \sigma(S)$ der Paare (j,k), wo k im ganzen Sektor gegenüber j führt, und bezeichnen diese Führungsrelation auch mit

$$j \prec k \text{ auf } S\ .$$

Bei festem S ist dies erneut eine antisymmetrische und transitive Relation, also eine teilweise Ordnung auf $\{1,\ldots,\ell\}$. Genau dann, wenn S keine Stokes'sche Linie enthält, liegt sogar eine volle Ordnung vor, denn dann gilt

$$j \neq k \text{ impliziert } j \prec k \text{ oder } k \prec j \text{ (auf S)}.$$

In jedem Fall läßt sich eine Teilordnung zu einer vollen Ordnung ergänzen, es gibt daher eine Permutation $\pi = \pi_S$ von $\{1,\ldots,\ell\}$, so daß

$$j \prec k \text{ auf S höchstens gilt, wenn } \pi(j) < \pi(k).$$

Für $\ell \geq 2$ ordnen wir die Zahlen $d(j,k)$, vgl. b), der Größe nach an und schreiben

$$d_1 > d_2 > \ldots > d_t > 0.$$

Ist $\ell = 1$, so setzen wir $t = 0$, $d_t = \infty$.

d) Übergangsmatrizen:

Bei festem Sektor S und gegebener formaler wurzelmeromorpher Reihe $\hat{\Phi}(z)$ bezeichnen wir, analog wie in a), mit $[\hat{\Phi}] = [\hat{\Phi}]_S$ eine beliebige in S analytische Matrixfunktion $Y(z)$ mit

$$Y(z) \cong \hat{\Phi}(z) \text{ in S.}$$

Ist $T(z)$ analytisch und invertierbar in S und gibt es positive

Konstanten c_1 , c_2 mit

$$\| T^{\pm 1}(z) \| \leq c_1 |z|^{c_2} \quad \text{für } z \to \infty, \ (z \in S),$$

so gelten die folgenden Rechenregeln:

(i) $[I] = I + [0]$,

(ii) $T[0] = [0]$, $[0]\, T^{-1} = [0]$,

(iii) $T[I]\, T^{-1} = [I]$.

Es soll nun untersucht werden, inwieweit eine Fundamentallösung durch ihre Asymptotik bestimmt wird. Allgemein ist klar, daß eine beliebige Funktion nur recht begrenzt durch ihre Asymptotik bestimmt ist. Sind jedoch $X(z)$, $Y(z)$ Lösungen irgend zweier meromorpher Dgln, und gilt für einen Sektor S

$$(8) \qquad \left\{ \begin{array}{l} X(z) \cong H(z) \\ Y(z) \cong H(z) \end{array} \right. \quad \text{in } S,$$

so müssen zunächst $X(z)$ und $Y(z)$ Lösungen derselben Dgl [A] sein, denn $H(z)$ muß eine formale Lösung beider Dgln sein, und diese sind aus $H(z)$ durch Bilden der logarithmischen Ableitung berechenbar.

Weiter muß es eine konstante, invertierbare Matrix C geben mit $Y = XC$, also mit der Bezeichnung (2')

$$[F_b]\, G_b = [F_b]\, G_b\, C\ ,$$

oder

$$[I]\ G_b = G_b\, C\,.$$

Daraus folgt mit $T(z) = F_a\, P(z)\ z^K\ z^J\ U$

$$e^{Q(z)}\ C\ e^{-Q(z)} = T^{-1}(z)\ [I]\ T(z)\ ,$$

und da $\| T^{\pm 1}(z) \|$ sicher durch eine Potenz von $|z|$ abgeschätzt werden kann, ergibt sich aus (iii)

$$(9) \qquad e^{Q(z)}\ C\ e^{-Q(z)} \cong I \text{ in } S.$$

Jede Übergangsmatrix für S, d.h. jede konstante, invertierbare Matrix C, die den Übergang zwischen zwei Lösungen mit (8) beschreibt, erfüllt somit (9). Umgekehrt, ist C konstant und (9) erfüllt, so muß C invertierbar sein (sogar det C = 1), und aus $X \cong H$ in S folgt

$$X C = [F_b]\ T(z)\ e^{Q(z)}\ C \cdot e^{-Q(z)}\ T^{-1}(z)\ T(z)\ e^{Q(z)}$$

$$= [F_b]\ [I]\ G_b(z) = [F_b]\ G_b(z)\ ,$$

und somit ist jede solche Matrix auch Übergangsmatrix auf S.

e) Explizite Gestalt der Übergangsmatrizen:

Blockt man die Matrix C in der von Q(z) vorgeschriebenen Weise, so bedeutet (9)

$$\begin{cases} C_{jk} = I_{s_j} \text{ falls } j = k, \\ C_{jk} \text{ beliebig, falls } j \prec k \text{ auf } S, \\ C_{jk} = 0 \text{ sonst.} \end{cases}$$

Der dritte Fall ergibt sich, weil dann entlang mindestens einer Richtung $k \prec j$ gilt. Werden die Zeilen- und Spaltenindizes der Blöcke von C mit der schon eingeführten Permutation π_S permutiert, so geht C über in eine geblockte obere Dreiecksmatrix mit Einheitsmatrizen entlang der Diagonale. Definiert $\sigma(S)$ keine volle Ordnung, so sind darüber hinaus weitere Blöcke oberhalb der Diagonale gleich Null. Wir führen (in Abhängigkeit von der Blockstruktur von Q) folgende Bezeichnungen ein:

$$\text{diag } C = \text{diag}_Q \, C = \text{diag } [C_{jj}]_{j=1,\dots,\ell} \, ,$$

$$\text{supp } C = \text{supp}_Q \, C = \{(j,k) \mid j \neq k, \, C_{jk} \neq 0\} \, .$$

Dann ist (9) äquivalent zu

$$\text{(10)} \qquad \text{diag } C = I, \text{ supp } C \subseteq \sigma \, .$$

Die Menge aller Übergangsmatrizen $\mathcal{U}(S)$ ist also allein durch $\sigma = \sigma(S)$ bestimmt; dementsprechend führen wir allgemeiner $\mathcal{U}(\sigma)$ durch (10) auch für beliebiges antisymmetrisches und transitives σ ein. Bezüglich der Matrixmultiplikation ist $\mathcal{U}(\sigma)$ offenbar eine Gruppe. Wird die Winkelöffnung von S vergrößert, so wird $\sigma(S)$ und damit $\mathcal{U}(S)$ im allgemeinen weniger Elemente enthalten;

insbesondere gilt die folgende

Proposition. Die Beziehung

$$\sigma(S) = \emptyset \text{ , d.h. } \mathcal{U}(S) = \{I\}$$

bedeutet, daß jedes Paar $j \neq k$ mindestens einen Führungswechsel in S hat.

Beweis. Nach Definition enthält $\sigma(S)$ die Paare $j \neq k$, für die $j \prec k$ auf S gilt. Paare, die einen Führungswechsel in S haben, kommen somit nicht in σ vor. Für die anderen Paare $j \neq k$ ist (j,k) oder $(k,j) \in \sigma$. Daraus folgt die Behauptung.

Bemerkung: Für jeden Sektor $S = S(\alpha,\beta)$ mit

$$\beta - \alpha > \frac{\pi}{d_t}$$

ist $\sigma(S) = \emptyset$, $\mathcal{U}(S) = \{I\}$.

Beweis: Die Behauptung ist für $\ell = 1$ trivial. Für $\ell \geq 2$ sind die Stokes'schen Richtungen, an denen für ein Paar $j \neq k$ die Führung in der einen oder anderen Richtung wechselt, gegeben durch

$$\tau \equiv \gamma(j,k) \bmod \frac{\pi}{d(j,k)} ,$$

und es ist $\frac{\pi}{d(j,k)} \leq \frac{\pi}{d_t}$, also muß in S ein Führungswechsel für jedes Paar $j \neq k$ stattfinden.

7. Verbindungsmatrizen und asymptotische Sektoren

a) Verbindungsmatrizen:

Wir betrachten nun zwei überlappende Sektoren, d.h.

$S_1 = S(\alpha_1,\beta_1)$, $S_2 = S(\alpha_2,\beta_2)$ mit

$$-\infty \leq \alpha_1 < \alpha_2 < \beta_1 < \beta_2 \leq \infty,$$

und Fundamentallösungen X_1 , X_2 mit

$$X_j(z) \cong H(z) \text{ in } S_j \quad (j = 1, 2) .$$

In $S_{12} = S(\alpha_2,\beta_1) = S_1 \cap S_2$ gilt dann

$X_1 = X_2\, V$, V konstant und invertierbar, und wir nennen V eine Verbindungsmatrix für S_1 , S_2. Sie gibt die analytische Fortsetzung von X_1 in den Sektor S_2 in der Form $X_2\, V$; diese werde auch dort mit X_1 bezeichnet. Grundsätzlich denken wir uns die Lösungen einer Dgl auf die gesamte Riemannsche Fläche fortgesetzt. Damit ergibt sich auch die Asymptotik von X_1 in S_2:

$$X_1(z) \cong H(z)V \quad \text{in } S_2 .$$

Es gilt $X_1(z) \cong H$ in S_2 genau dann, wenn $V \in \mathcal{U}(S_2)$. Dies ist vielleicht nicht der Fall, aber sicherlich ist $V \in \mathcal{U}(S_{12})$.

Nehmen wir weitere Lösungen Y_1 , Y_2 mit $Y_j \cong H$ in S_j und $Y_1 = Y_2\, W$, so gibt es Übergangsmatrizen $C_j \in \mathcal{U}(S_j)$ mit

$$X_j = Y_j\, C_j \quad (j = 1,2).$$

Daraus ergibt sich

$$(1) \qquad V = X_2^{-1}\, X_1 = C_2^{-1}\, Y_2^{-1}\, Y_1\, C_1 = C_2^{-1}\, W\, C_1 \;.$$

Diese Gleichung zeigt, wie die Verbindungsmatrizen verändert werden können. Genau dann wird es eine Lösung X geben mit

$$X \cong H \text{ in } S_1 \cup S_2 \;,$$

wenn $V = I$ durch Wahl von passenden $C_j \in \mathcal{U}(S_j)$ erreicht werden kann (also $X_1 = X_2$). Das ist immer möglich (mit $C_1 = I$), wenn S_2 keine Stokes'sche Richtung enthält, denn dann gilt $\sigma(S_{12}) = \sigma(S_2)$, also $\mathcal{U}(S_{12}) = \mathcal{U}(S_2)$. Dasselbe folgt auch unmittelbar aus der Feststellung am Ende des letzten Absatzes, d.h:

Wenn S_2 keine Stokes'sche Richtung enthält, so gilt

$$X_1 \cong H \text{ auch in } S_2 \;, \text{ also in } S_1 \cup S_2 \;.$$

Ebenso sieht man, daß in der Aussage die Rollen von S_1 und S_2 vertauscht werden können.

Wir wollen noch folgenden Schluß aus obiger Bemerkung ziehen: Ist $S_1 = S(\alpha,\beta)$ ein Sektor, und ist etwa $\beta < \infty$ und keine Stokes'sche Richtung, so gibt es einen Sektor $S_2 = S(\beta - \varepsilon, \beta + \varepsilon)$ mit genügend kleinem $\varepsilon > 0$, der keine Stokes'sche Richtung enthält und in dem nach Satz A eine Lösung $X_2 \cong H$ in S_2 existiert. Damit muß aber jedes X mit $X \cong H$ in S_1 auch asymptotisch zu H in $S_1 \cup S_2$ sein. Insbesondere gilt:

Ist $S^* = S(\alpha^*, \beta^*)$ ein zu X, HC und S gehöriger maximaler Sektor, so muß entweder $\beta^* = \infty$ oder β^* eine Stokes'sche Richtung sein, und analoges gilt für α^* ; denn die Aussage $X \cong HC$ in S^* ist nach Definition gleichwertig mit $XC^{-1} \cong H$ in S^*.
Im Fall $\ell = 1$ gibt es somit nur einen maximalen Sektor, nämlich die ganze Riemann'sche Fläche.

b) Die Winkelöffnung der maximalen Sektoren:
Wir wollen zeigen, daß die Existenz einer Lösung X, welche asymptotisch gleich H ist in einem Sektor $S = S(\alpha,\beta)$ mit $\beta - \alpha > \frac{\pi}{d_t} + 2\pi$, nur möglich ist, wenn die formale meromorphe Reihe $F_m(z)$ konvergiert. Dies bedeutet insbesondere, daß im Falle der Divergenz dieser Reihe die Winkelöffnung der maximalen Sektoren $\leq \frac{\pi}{d_t} + 2\pi$ ist.

Wir erinnern dazu daran, daß jede Lösung X die Gestalt $X(z) = E(z)\, z^M$ hat mit einer für $a < |z| < \infty$ eindeutigen analytischen und invertierbaren Matrixfunktion $E(z)$, und daß ferner $G_m(z) = E_f(z)\, z^L$ gilt mit einer für $0 < |z| < \infty$ eindeutigen analytischen und invertierbaren Matrix $E_f(z)$.

Sei nun $X \cong H$ in $S = S(\alpha,\beta)$, dann folgt

$$E(z)\, z^M = [F_m(z)]_S\, E_f(z)\, z^L \quad (2)$$

Ist $\beta - \alpha > 2\pi$ und $\tilde{S} = S(\alpha, \beta - 2\pi)$, so ergibt sich aus (2) durch Spezialisierung auf die Werte $z\, e^{2\pi i}$ mit $z \in \tilde{S}$:

$$E(z)\, (z\, e^{2\pi i})^M = [F_m(z)]_{\tilde{S}}\, E_f(z)\, (z\, e^{2\pi i})^L ,$$

also $\qquad X(z)\, e^{2\pi i M}\, e^{-2\pi i L} \cong H(z)$ in $\tilde{S}$.

Demnach muß $e^{2\pi i M}\, e^{-2\pi i L} \in \mathcal{U}(\tilde{S})$ sein. Ist sogar

$\beta - \alpha > 2\pi + \frac{\pi}{d_t}$ (also die Winkelöffnung von $\tilde{S}$ größer als $\frac{\pi}{d_t}$),

so folgt aus der Bemerkung zur Proposition in 7 e, daß $\mathcal{U}(\tilde{S}) = \{I\}$, folglich $e^{2\pi i M} = e^{2\pi i L}$ sein muß. Also haben z^L und z^M das gleiche Umlaufsverhalten und $X(z)\, z^{-L}$ ist eindeutig. Nach (2) hat nun $X(z)\, G_b^{-1}(z)$ bei $z = \infty$ eine hebbare Singularität, was die Konvergenz von $F_b(z)$, und damit die von $F_m(z)$, nach sich zieht. Außerdem folgt $X(z) = H(z)$ auf $S(-\infty,\infty)$.

Wir merken noch an, daß im Falle $\ell = 1$ die Reihe F_m stets konvergiert, weil der einzige maximale Sektor die ganze Riemann'sche Fläche ist. Dies läßt sich auch direkt sehen, weil $\ell = 1$ bedeutet, daß $Q(z) = q(z)I$ ein Skalar ist. Also transformiert $e^{Q(z)}$ die Dgl [A] in die Dgl [B] mit

$$B(z) = e^{-Q(z)}\, A(z)\, e^{Q(z)} - Q'(z)$$

$$= A(z) - Q'(z) .$$

Die Dgl [B] hat eine formale Lösung $H_B(z) = e^{-Q(z)} H_A(z) = F_m(z)\, z^J U$, also sind alle Lösungen von [B] für $z \to \infty$ durch z-Potenzen majorisiert. Das bedeutet gerade, daß [B] regulär-singulär ist und deshalb folgt die Konvergenz von F_m.

c) Faktorisierung von Matrizen:

Für die anstehende Normalisierung spielt der folgende Hilfssatz eine Rolle. Dabei sei V eine obere Dreiecksmatrix mit Einsen entlang der Diagonalen. Die Positionen oberhalb der Diagonalen denken wir uns in eine beliebige, aber feste Reihenfolge gebracht: für $\nu = 1,\ldots,N = \binom{n}{2}$ durchlaufe also (j_ν, k_ν) gerade diese Positionen. Mit $E_\nu = E(j_\nu, k_\nu)$ bezeichnen wir die Matrix, die an der Stelle (j_ν, k_ν) eine Eins und sonst nur Nullen hat. Mit diesen Bezeichnungen gilt folgendes

Lemma. *In der oben beschriebenen Situation gibt es eindeutig bestimmte Skalare* v_ν *mit*

$$V = (I + v_1 E_1) \ldots (I + v_N E_N). \tag{3}$$

Beweis. Man sieht leicht, daß

$$E(i,j)\, E(j,k) = E(i,k)\ ,\ E(h,i)\, E(j,k) = 0 \ (i \neq j).$$

Wir betrachten nur Paare $j < k$; also geschieht die Produktbildung dieser Matrizen in der Weise, daß (wenn das Produkt nicht die Nullmatrix ist) sich die Abstände $k - j$ der Eins von der Diagonalen gerade addieren. Wird die rechte Seite von (3) ausmultipliziert, so folgt

$$V = I + \sum_{\nu=1}^{N} v_\nu E_\nu + \text{nicht-lineare Glieder in } v_\nu\ .$$

Betrachtet man zunächst alle Positionen (k_ν, j_ν) mit $k_\nu - j_\nu = 1$, also die Glieder direkt oberhalb der Diagonalen, so spielen dort nicht-lineare Glieder keine Rolle, denn solche haben mindestens einen Abstand 2 von der Diagonale. Also sind die v_ν, die zu den Positionen direkt oberhalb der Diagonalen gehören, eindeutig berechenbar. Für die Positionen mit $k_\nu - j_\nu = 2$ sind an den nicht-linearen Gliedern nur solche v_ν beteiligt, die in Positionen mit geringerem Abstand (nämlich Abstand 1) von der Diagonalen stehen, also schon bekannt sind. Deshalb können auch die v_ν mit $k_\nu - j_\nu = 2$ eindeutig berechnet werden, und dieser Schluß ist allgemein möglich.

Zusätze: (i) Sei σ eine transitive Menge von Paaren $j < k$ und werden ihre Elemente in beliebiger, aber fester Weise numeriert, so bleibt das Lemma richtig für beliebige Matrizen V, die auf der Diagonale Einsen und sonst höchstens in zu σ gehörigen Positionen von Null verschiedene Elemente haben. Dabei soll das Produkt in (3) nur über die $(j_\nu, k_\nu) \in \sigma$ erstreckt werden. Jedes solche Produkt hat automatisch die von den Matrizen V geforderten Eigenschaften. Der Beweis verläuft analog zu dem obigen.

(ii) Ist σ eine antisymmetrische und transitive Menge von Paaren (j,k) (aber nicht notwendig $j < k$) und werden ihre Elemente in beliebiger Weise numeriert, so bleibt das Lemma richtig für alle V, deren Träger wie in (i) durch σ eingeschränkt ist; denn σ definiert eine teilweise Ordnung, und mit einer passenden Permutation π kann dieser Fall auf den in (i) betrachteten zurückgeführt werden.

d) Faktorisierung von $\mathcal{U}(\sigma)$:

Wir betrachten nun den Fall, daß für eine antisymmetrische und transitive Menge σ ein $V \in \mathcal{U}(\sigma)$ gegeben sei, also
$\text{diag}_Q V = I$, $\text{supp}_Q V \subseteq \sigma$.
Ferner seien $\sigma_1,\ldots,\sigma_h (h \geq 1)$ disjunkte antisymmetrische und transitive Teilmengen von σ mit $\sigma = \sigma_1 \cup \ldots \cup \sigma_h$. Die entsprechende Verallgemeinerung des Lemmas formulieren wir als

Proposition. In der oben beschriebenen Situation gibt es eindeutig bestimmte Matrizen $V_j \in \mathcal{U}(\sigma_j)$, so daß

$$V = V_1 \ldots V_h \quad (4)$$

Beweis. Mit (j',k') seien die Indexpaare von Matrixelementen im Unterschied zu den Blockindizes (j,k) bezeichnet. Seien mit σ_j' die Mengen aller Paare (j',k') bezeichnet, die zu Positionen in Blöcken mit Indizes aus σ_j gehören, und sei $\sigma' = \sigma_1' \cup \ldots \cup \sigma_h'$; dann hängen σ' und σ in analoger Weise zusammen. Beachte, daß $\sigma_1',\ldots,\sigma_h'$ und σ' antisymmetrisch und transitiv sind. Numerieren wir die Elemente in σ' so, daß zunächst alle Elemente in σ_1', dann alle in σ_2' u.s.w. numeriert werden, so gilt nach (ii) eindeutig

$$V = \prod_{(j',k') \in \sigma'} (I + v(j',k')\, E(j',k')) , \quad (5)$$

wobei die Reihenfolge der Faktoren im Sinne der gewählten Numerierung zu verstehen ist. Faßt man alle Faktoren, die zu σ_j' gehören, zu einer Matrix V_j zusammen, so ist $V_j \in \mathcal{U}(\sigma_j)$, und es folgt die gewünschte Faktorisierung (4).

Zur Eindeutigkeit gehen wir von (4) aus mit $V_j \in \mathcal{U}(\sigma_j)$ und erhalten mit den obigen Bezeichnungen durch weitere Faktorisierung der V_j bezüglich σ_j' wieder die Darstellung (5), woraus die Eindeutigkeit folgt.

Ein Beispiel zur Proposition entsteht, wenn man für σ_j die Mengen nimmt, die jeweils aus einem Paar $(j,k) \in \sigma$ bestehen.

Die Proposition kann so gedeutet werden, daß $\mathcal{U}(\sigma)$ ein "direktes" Produkt der Untergruppen $\mathcal{U}(\sigma_j)$ ist und zwar in jeder vorgeschriebenen Reihenfolge; dabei sind die Faktoren aber nicht kommutativ, also entspricht die Multiplikation in $\mathcal{U}(\sigma)$ nicht der komponentenweisen Multiplikation des Produktes.

e) Normalisierung von Verbindungsmatrizen:

Wir wollen uns im nächsten Abschnitt mit der Frage der Existenz von Lösungen X mit der vorgegebenen Asymptotik H in möglichst großen Sektoren beschäftigen. Dazu setzen wir für $\ell \geq 2$

$$S_\nu = S(\tau_{\nu-1}, \tau_{\nu+1}), \quad \sigma_\nu = \sigma(S_\nu) \quad \text{für} \quad \nu \in \mathbb{Z}$$

und bezeichnen diese Sektoren als Normalsektoren.

Nach Satz A existieren Lösungen $X_\nu \cong H$ jedenfalls in $S(\tau_\nu - \frac{\delta}{2}, \tau_\nu + \frac{\delta}{2})$; die Asymptotik gilt aber mindestens bis zu den nächsten Stokes'schen Richtungen, also mindestens in S_ν.

Unter den möglichen X_ν wollen wir nun eine Auswahl treffen.

Ist für ein bestimmtes ν eine Lösung $X_{\nu-1}$ mit $X_{\nu-1} \cong H$ in $S_{\nu-1}$ bereits gewählt, so wird die Wahl eines X_ν durch die Verbindungsmatrix

(6) $$V_\nu = X_\nu^{-1} X_{\nu-1}$$

beschrieben. Ist $Y_\nu \cong H$ in S_ν eine beliebige, aber feste Wahl mit $W_\nu = Y_\nu^{-1} X_{\nu-1}$, so ist die allgemeinste mögliche Wahl für X_ν gegeben durch

$$X_\nu = Y_\nu C_\nu \quad \text{mit} \quad C_\nu \in \mathcal{U}(\sigma_\nu),$$

also

(7) $$V_\nu = C_\nu^{-1} W_\nu .$$

Mit

$$S'_\nu = S_{\nu-1} \cap S_\nu = S(\tau_{\nu-1}, \tau_\nu)$$

gilt

$$W_\nu \in \mathcal{U}(S'_\nu) .$$

Beachte, daß S'_ν keine Stokes'sche Richtung enthält, und daß

$$\sigma(S'_\nu) = \sigma_\nu \cup \varrho_\nu , \quad \sigma_\nu \cap \varrho_\nu = \emptyset ;$$

denn ist $j \prec k$ in S'_ν, so gilt dies entweder auch in S_ν oder die Führung wechselt bei τ_ν, und die Umkehrung gilt ebenso.

Nach der Proposition besteht die eindeutige Faktorzerlegung von W_ν :

$$W_\nu = C_\nu V_\nu \quad \text{mit} \quad C_\nu \in \mathcal{U}(\sigma_\nu) , \; V_\nu \in \mathcal{U}(\varrho_\nu).$$

Daher können wir die Wahl von X_ν so einrichten, daß

$$V_\nu \in \mathcal{U}(\mathfrak{g}_\nu),$$

und durch diese Forderung ergibt sich X_ν eindeutig aus $X_{\nu-1}$. Wir wählen also X_ν im Prinzip so, daß die Übergangsmatrix V_ν einen minimalen Träger hat.

Diese Bemerkungen legen folgende Konstruktion nahe:
Wir wählen eine feste ganze Zahl μ und eine Ausgangslösung X_μ mit $X_\mu \cong H$ in S_μ. Dann bestimmen wir induktiv $X_{\mu+\nu}$ $(\nu \geq 1)$, so daß mit $V_{\mu+\nu} = X_{\mu+\nu}^{-1} X_{\mu+\nu-1}$

$$(8) \qquad X_{\mu+\nu} \cong H \text{ in } S_{\mu+\nu}, \; V_{\mu+\nu} \in \mathcal{U}(\mathfrak{g}_{\mu+\nu}).$$

Diese Lösungen bzw. die Verbindungsmatrizen sind dann durch die Wahl von μ und X_μ eindeutig bestimmt.

f) Asymptotische Sektoren:

Die im letzten Abschnitt beschriebene Konstruktion hat, wie wir sehen werden, wichtige Eigenschaften. Zunächst beweisen wir mit ihrer Hilfe die folgende allgemeine

Proposition. Wenn jedes Paar $j \neq k$ höchstens einen Führungswechsel in einem Sektor S hat, so gibt es eine Lösung $X \cong H$ in S.

Bemerkung: Wir nennen einen Sektor S einen asymptotischen Sektor, wenn es eine Lösung $X \cong H$ in S gibt.

Die Proposition gibt also eine hinreichende Bedingung für asymptotische Sektoren.

<u>Beweis</u>. Im Falle $\ell = 1$ kann $X = H$ gesetzt werden. Sei nun $\ell \geq 2$, folglich unter unseren Voraussetzungen S sicher endlich. Falls S nicht bereits von Stokes'schen Richtungen begrenzt ist, vergrößern wir S auf einer oder beiden Seiten bis zu der nächstgelegenen Stokes'schen Richtung, so daß dann für passende ganze Zahlen μ und $\nu (\nu \geq -1)$

$$S = S_{\mu,\mu+\nu} = S(\tau_{\mu-1}, \tau_{\mu+\nu+1}).$$

Es sind also $\tau_{\mu}, \ldots, \tau_{\mu+\nu}$ genau die im Inneren von S gelegenen Stokes'schen Richtungen. Durch die vorgenommene Vergrößerung entstehen offenbar keine neuen Führungswechsel in S.

Für $\nu = -1$ und $\nu = 0$ ist nichts zu zeigen, da $X = X_{\mu}$ gewählt werden kann. Sei also $\nu \geq 1$, und wie oben beschrieben seien ausgehend von X_{μ} Lösungen $X_{\mu+1}, \ldots, X_{\mu+\nu}$ konstruiert. Wir wollen durch Induktion zeigen, daß $X_{\mu+\nu} \cong H$ in $S_{\mu,\mu+\nu}$ ist. Dies ist richtig für $\nu = 0$. Sei also als Induktionsvoraussetzung $X_{\mu+\nu-1} \cong H$ in $S_{\mu,\mu+\nu-1}$ mit $\nu \geq 1$. Wegen $X_{\mu+\nu} \cong H$ in $S_{\mu+\nu}$ genügt es zu zeigen

$$X_{\mu+\nu} \cong H \quad \text{in} \quad S_{\mu,\mu+\nu-1},$$

was zu

$$V_{\mu+\nu} \in \mathcal{U}(S_{\mu,\mu+\nu-1})$$

äquivalent ist. Auf Grund unserer Normalisierung von $V_{\mu+\nu}$ ist hierfür hinreichend, daß

$$\mathcal{S}_{\mu+\nu} \subseteq \sigma(S_{\mu,\mu+\nu-1}).$$

Nach Voraussetzung haben die Paare $j \neq k$, die bei $\tau_{\mu+\nu}$ die Führung wechseln, also insbesondere die in $\mathcal{S}_{\mu+\nu}$ enthaltenen Paare, keinen weiteren Führungswechsel in S; also gilt für $(j,k) \in \mathcal{S}_{\mu+\nu}$

$$j \prec k \quad \text{in} \quad S_{\mu,\mu+\nu-1},$$

was zu zeigen war.

<u>Bemerkung</u>. Die Voraussetzung der Proposition ist sicher erfüllt für $S = S(\alpha,\beta)$, wenn $\beta - \alpha \leq \frac{\pi}{d_1}$ ist (für $\ell \geq 2$), denn zwei Führungswechsel desselben Paares $j \neq k$ kommen in Abständen $\frac{\pi}{d(j,k)} \geq \frac{\pi}{d_1}$. Somit ist jeder Sektor $S(\alpha,\beta)$ mit $\beta - \alpha \leq \frac{\pi}{d_1}$ ein asymptotischer Sektor, das heißt, in Satz A kann immer $\delta = \frac{\pi}{d_1}$ genommen werden. Für $\ell = 1$ ist jeder Sektor asymptotisch (setze $X = H$); dementsprechend setzen wir in diesem Falle $d_1 = +0$, also $\frac{\pi}{d_1} = \infty$.

Wir werden später sehen, daß die Bedingung der Proposition i.a. auch notwendig ist, und daher $\frac{\pi}{d_1}$ den maximalen Wert von δ darstellt. Nach der Proposition aus 1c ist der rationale $\deg q_j \leq r$, also auch $d_1 \leq r$; also ist eine Winkelöffnung $\frac{\pi}{r}$ immer garantiert. Insbesondere ist $\frac{\pi}{d_1}$ eine untere Abschätzung für die Winkelöffnung der maximalen asymptotischen Sektoren.

8. Der Einzigkeitssatz und der Schließungssatz:

a) Formulierung des Einzigkeitssatzes:

Im letzten Paragraphen wurden ausgehend von einer Lösung X_μ Lösungen $X_{\mu+\nu}$ konstruiert, so daß

$$(1)\quad \begin{cases} X_{\mu+\nu} \cong H \quad \text{in} \quad S_{\mu+\nu} \quad (\nu \geq 0), \\ V_{\mu+\nu} = X_{\mu+\nu}^{-1} \; X_{\mu+\nu-1} \in \mathcal{U}(\varrho_{\mu+\nu}) \quad (\nu \geq 1). \end{cases}$$

Unser Ziel ist es nun zu zeigen, daß eine natürliche Zahl ν_0, unabhängig von μ und X_μ, exisistiert, so daß die Lösungen $X_{\mu+\nu}$ für $\nu \geq \nu_0$ nicht mehr von der Wahl der Ausgangslösung X_μ abhängen. Dazu sei Y_μ eine andere mögliche Wahl für unsere Ausgangslösung. Mit diesem Y_μ enthält man die Folge $Y_{\mu+\nu}$ mit

$$(1')\quad \begin{cases} Y_{\mu+\nu} \cong H \quad \text{in} \quad S_{\mu+\nu} \quad (\nu \geq 0), \\ W_{\mu+\nu} = Y_{\mu+\nu}^{-1} \; Y_{\mu+\nu-1} \in \mathcal{U}(\varrho_{\mu+\nu}) \quad (\nu \geq 1). \end{cases}$$

Die behauptete Eindeutigkeit folgt aus

Satz IV. Sei $\ell \geq 2$, und entsprechend den oben beschriebenen Konstruktionen sei

$$C_{\mu+\nu} = Y_{\mu+\nu}^{-1} \; X_{\mu+\nu}$$

gebildet. Dann gilt für $\nu \geq 0$

$$C_{\mu+\nu} \in \mathcal{U}(S_{\mu,\mu+\nu}),\ S_{\mu,\mu+\nu} = S_\mu \cup \ldots \cup S_{\mu+\nu} .$$

Bemerkung. Genau dann gilt $\mathcal{U}(S_{\mu,\mu+\nu}) = \{I\}$, wenn zu jedem Paar $j \neq k$ entweder (j,k) oder (k,j) in $\mathcal{S}_\mu \cup \ldots \cup \mathcal{S}_{\mu+\nu}$ liegt (vergl. die Proposition in 6e). Für diese Werte von ν ergibt sich somit aus Satz IV

$$X_{\mu+\nu} = Y_{\mu+\nu} .$$

Unter p verstehen wir das kleinste gemeinsame Vielfache der p-Werte der Oberblöcke, was zugleich die Ordnung der totalen Permutationsmatrix R ist. Wegen $Q(z\ e^{2\pi i p}) = Q(z)$ wiederholt sich die Führungsrelation nach p Blättern, insbesondere gilt $\mathcal{S}_{\nu+pm} = \mathcal{S}_\nu$ (vgl. auch Gleichung (7) in Abschnitt 7c). Daher ist die obige Situation sicher gegeben, wenn $\nu \geq \nu_0 = p\ m$ ist. (Man kann sogar $\nu_0 = km - 1$ setzen mit $k \geq \frac{1}{2d_t} = \frac{p}{2h_t}$.)

Wählen wir für beliebiges, aber festes ν den Anfangspunkt $\mu \leq \nu - \nu_0$, so erhalten wir eine Fundamentallösung X_ν, die unabhängig von der Wahl von μ und X_μ ist.
Wir nennen diese X_ν $(-\infty < \nu < \infty)$ die Normallösungen für die Normalsektoren S_ν. Auch die zugehörigen Verbindungsmatrizen V_ν sind dann nur von der Wahl der formalen Lösung H abhängig. Wir nennen diese Matrizen V_ν normalisierte Verbindungsmatrizen. Wegen dieser Konsequenzen nennen wir Satz IV auch den Einzigkeitssatz.

b) Iterierte Blockstruktur:

Wir erinnern daran, daß wir die verschiedenen unter den Zahlen $d(j,k)$ so numeriert hatten, daß

$$d_1 > d_2 > \ldots > d_t > 0.$$

Wir definieren noch $d_0 = +\infty$, $d_{t+1} = +0$.

Die Matrix $Q(z) = \text{diag}\,[q_1(z)\, I_{s_1}, \ldots, q_\ell(z)\, I_{s_\ell}]$ enthält Funktionen $q_i(z)$, die wir nach Wahl einer geeigneten natürlichen Zahl h einheitlich darstellen können als Polynome in $z^{\frac{1}{p}}$ mit Grad höchstens gleich h, etwa

$$q_i(z) = \sum_{k=1}^{h} b_{ik}\, z^{\frac{k}{p}}.$$

Wir wollen nun für $\ell \geq 2$ jedem Index $i\,(1 \leq i \leq \ell)$ ein t-Tupel von Indizes $(i_1, i_2, \ldots, i_t)$ in eineindeutiger Weise zuordnen. Dies geschehe wie folgt:

(i) Sei $k_1 = p\, d_1$. Dann ist nach Definition von d_1 als der größten unter den Zahlen $d(i,j) = \deg\,(q_i - q_j)$ für $k > k_1$

$$b_{1k} = b_{2k} = \ldots = b_{\ell k};$$

die Zahlen $b_{1,k_1}, \ldots, b_{\ell k_1}$ hingegen sind nicht alle gleich.

Wir fassen die Indizes i, für die die b_{ik_1} gleich sind, zu Teilmengen von $\{1,\ldots,\ell\}$ zusammen und denken uns diese mit i_1

indiziert (etwa $i_1 = 1,\ldots,\ell_1$; $\ell_1 \geq 2$).

Jedem Index i ist dann in eindeutiger Weise ein Index i_1 zugeordnet, und es gilt:

Mit $i \longrightarrow i_1$, $j \longrightarrow j_1$ ergibt sich

$$i_1 \neq j_1 \text{ genau, wenn } d(i,j) = d_1 .$$

(ii) Seien jedem i bereits die Indizes $i_1,\ldots,i_{\nu-1}$ $(2 \leq \nu \leq t)$ eindeutig zugeordnet. Sei $k_\nu = p\, d_\nu$ und seien für ein <u>festes Tupel</u> $(i_1,\ldots,i_{\nu-1})$ <u>diejenigen unter den zu</u> $(i_1,\ldots,i_{\nu-1})$ <u>gehörigen Indizes</u> i zu einer Teilmenge zusammengefaßt, für die die zugehörigen b_{ik_ν} gleich sind. Diese Teilmengen seien indiziert durch i_ν $(1 \leq i_\nu \leq \ell_\nu$, $\ell_\nu = \ell_\nu(i_1,\ldots,i_{\nu-1}) \geq 1)$.
Dann ist jedem i hierdurch eindeutig ein i_ν, insgesamt also ein $(i_1,\ldots,i_\nu)$ zugeordnet, und es gilt:

Mit $i \longrightarrow (i_1,\ldots,i_\nu)$, $j \longrightarrow (j_1,\ldots,j_\nu)$ ergibt sich

$$i_\kappa = j_\kappa \;\; (1 \leq \kappa \leq \nu - 1),\; i_\nu \neq j_\nu \text{ genau, wenn } d(i,j) = d_\nu .$$

Mit (i), (ii) ist also schließlich jedem i eindeutig ein t-Tupel $(i_1,\ldots,i_t)$ zugeordnet, und nach Konstruktion gilt:

Ist $i \longrightarrow (i_1,\ldots,i_\nu)$, $j \longrightarrow (j_1,\ldots,j_\nu)$, so sind die Tupel genau dann verschieden, wenn $i \neq j$ und $d(i,j) \geq d_\nu$. Insbesondere (setze $\nu = t$) ist also die Zuordnung bijektiv. Wir können jetzt an Stelle der Indizes i auch die t-Tupel $(i_1,\ldots,i_t)$ als Indizierung benutzen. Wenn wir das entstandene System von t-Tupeln lexikographisch anordnen, so entspricht das einer Permutation der ursprünglichen Indizes. Die umgeordnete Matrix wollen wir mit $\hat{Q}$ bezeichnen; es gilt mit der entsprechenden Blockpermutationsmatrix $\hat{R}$

$$\hat{Q} = \hat{R}^{-1} Q \hat{R} ,$$

und die Struktur von $\hat{Q}$ nennen wir die iterierte Blockstruktur (vergl. den folgenden Abschnitt).

c) Stufeneinteilung der Diagonalmatrizen:

Sei C eine konstante, analog zu Q geblockte Matrix. Wir denken uns die Blöcke von C mit den t-Tupeln indiziert und in die lexikographische Anordnung gebracht. Dabei entsteht

$$\hat{C} = \hat{R}^{-1} C \hat{R} .$$

In dieser Blockstruktur fassen wir die t-Tupel mit gleichem $(i_1,\ldots,i_k)$ für festes $k(1 \leq k \leq t)$ zusammen. Die entstehenden "großen" Blöcke bezeichnen wir als Blöcke k-ter Stufe.
Dabei ist die Blockeinteilung für k jeweils eine Verfeinerung der Blockstruktur für $k - 1$. Für $k = t$ ergibt sich die ursprüngliche Blockstruktur, allerdings permutiert; wir definieren noch Blöcke 0-ter Stufe als die gesamte Matrix ohne Unterteilung.

Mit $\hat{C}^{(k)}$ bezeichnen wir die Matrix, die nur aus den Diagonalblöcken von $\hat{C}$ der k-ten Stufe besteht; insbesondere ist also $\hat{C}^{(o)} = \hat{C}$. Schließlich sei

$$C^{(k)} = \hat{R}\,\hat{C}^{(k)}\,\hat{R}^{-1} \quad (k = 0,\ldots,t).$$

Wir sagen, daß eine Matrix C diagonal von k-ter Stufe ist, wenn $C^{(k)} = C$. Für zwei Indizes $i \neq j$, die zu $(i_1,\dots,i_t)$ bzw. $(j_1,\dots,j_t)$ gehören, gilt

$$(i_1,\dots,i_k) = (j_1,\dots,j_k) \text{ genau, wenn } d(i,j) \leq d_{k+1}.$$

Wenn wir mit δ_k die Menge der Paare $i \neq j$ mit $d(i,j) \leq d_{k+1}$ bezeichnen (für $0 \leq k \leq t$; insbesondere $\delta_t = \emptyset$), so gilt also

$$(2) \qquad C = C^{(k)} \text{ genau, wenn } \operatorname{supp} C \subseteq \delta_k .$$

Eine unmittelbare Folgerung aus (2), die beim Beweis des Einzigkeitssatzes eine Rolle spielen wird, ist die folgende Verallgemeinerung der Proposition in 6c):

Proposition. In $\mathfrak{U}(S)$ sind alle Matrizen diagonal von der k-ten Stufe genau dann, wenn alle Paare $i \neq j$ mit $d(i,j) \geq d_k$ mindestens einen Führungswechsel in S haben ($k = 0,1,\dots,t$).

Bemerkungen:

(i) Die Voraussetzung der Proposition ist sicher erfüllt für $S = S(\alpha,\beta)$ mit

$$\beta - \alpha > \frac{\pi}{d_k} .$$

(ii) Wenn $(i,j) \in \mathcal{S}_\nu \cap \delta_k$, dann gilt

$$i \prec j \quad \text{in} \quad S\left(\tau_\nu - \frac{\pi}{d_{k+1}}, \tau_\nu\right),$$

denn direkt vor τ_ν ist die Führungsrelation richtig, und der Abstand bis zum nächsten Führungswechsel ist mindestens $\frac{\pi}{d_{k+1}}$.

Beim nun anstehenden Beweis von Satz IV wird neben der Proposition und obigen Bemerkungen noch folgende Schlußweise typisch sein:

Für $\nu \geq 1$ besteht die folgende Grundgleichung:

$$C_{\mu+\nu} V_{\mu+\nu} = W_{\mu+\nu} C_{\mu+\nu-1} , \tag{3}$$

denn aus (1) und (1') folgt (3) durch Einsetzen in die Definitionsgleichung $C_{\mu+\nu} = Y^{-1}_{\mu+1} X_{\mu+\nu}$ $(\nu \geq 0)$.

Transformiert man (3) per Ähnlichkeit mit $\hat{R}$, so folgt die äquivalente Gleichung

$$\hat{C}_{\mu+\nu} \hat{V}_{\mu+\nu} = \hat{W}_{\mu+\nu} \hat{C}_{\mu+\nu-1} . \tag{3'}$$

Sind für ein passendes k die Matrizen $C_{\mu+\nu}$ und $C_{\mu+\nu-1}$ diagonal von k-ter Stufe, so ergibt sich aus (3') durch Spezialisierung auf die Diagonalblöcke k-ter Stufe in den Produktmatrizen

$$\hat{C}_{\mu+\nu} \hat{V}^{(k)}_{\mu+\nu} = \hat{W}^{(k)}_{\mu+\nu} \hat{C}_{\mu+\nu-1} ,$$

oder durch Rücktransformation mit $\hat{R}^{-1}$:

$$C_{\mu+\nu} V^{(k)}_{\mu+\nu} = W^{(k)}_{\mu+\nu} C_{\mu+\nu-1} . \tag{4}$$

d) Beweis des Einzigkeitssatzes:

Für $\nu = 0$ ist die Behauptung des Satzes für jedes μ richtig, und wir schließen weiter mit vollständiger Induktion:

Sei $\nu \geq 1$ und die Behauptung bereits gezeigt für $\nu - 1$ Induktionsschritte und jedes beliebige ganze μ. Dann ist nach dieser Induktionsannahme

(5) $$C_{\mu+\nu-1} \in \mathcal{U}(S_{\mu,\mu+\nu-1}),$$

und, indem wir μ durch $\mu + 1$ ersetzen:

(5') $$C_{\mu+\nu} \in \mathcal{U}(S_{\mu+1,\ \mu+\nu}).$$

Sei k der größtmöglich gewählte Index mit $0 \leq k \leq t$, für den gilt

(6) $$\tau_{\mu+\nu} - \tau_{\mu-1} > \frac{\pi}{d_k} \quad \text{und} \quad \tau_{\mu+\nu+1} - \tau_{\mu} > \frac{\pi}{d_k}.$$

Dann folgt nach Bemerkung (i), daß $C_{\mu+\nu}$ und $C_{\mu+\nu-1}$ diagonal von k-ter Stufe sind, denn es gilt $S_{\mu,\mu+\nu-1} = S(\tau_{\mu-1}, \tau_{\mu+\nu})$ und $S_{\mu+1,\mu+\nu} = S(\tau_{\mu}, \tau_{\mu+\nu+1})$.

Falls $k = t$, folgt daraus $C_{\mu+\nu} = C_{\mu+\nu-1} = I$, weil die ursprünglichen Diagonalblöcke Einheitsmatrizen sind. Sei daher $k \leq t - 1$. Mit der in c) erläuterten Schlußweise gilt (4).
Der Träger von $V_{\mu+\nu}^{(k)}$ und $W_{\mu+\nu}^{(k)}$ liegt in $\varrho_{\mu+\nu} \cap \delta_k$; also gehören $V_{\mu+\nu}^{(k)}$ und $W_{\mu+\nu}^{(k)}$ zu $\mathcal{U}(\varrho_{\mu+\nu} \cap \delta_k)$, da $\varrho_{\mu+\nu} \cap \delta_k$ wieder antisymmetrisch und transitiv ist. Für $i \neq j$ aus $\varrho_{\mu+\nu} \cap \delta_k$ folgt aus Bemerkung (ii), daß $i < j$ in $S(\tau_{\mu+\nu} - \frac{\pi}{d_{k+1}}, \tau_{\mu+\nu})$. Wegen der Maximalität von k gilt

$$\tau_{\mu+\nu} - \tau_{\mu-1} \leq \frac{\pi}{d_{k+1}} \quad \text{oder} \quad \tau_{\mu+\nu+1} - \tau_{\mu} \leq \frac{\pi}{d_{k+1}},$$

also in jedem Falle

(7) $$\tau_{\mu+\nu} - \frac{\pi}{d_{k+1}} < \tau_\mu .$$

Da Führungswechsel nur an Stokes'schen Richtungen erfolgen, schließen wir für $(i,j) \in \mathcal{S}_{\mu+\nu} \cap \delta_k$ weiter:

$$i \prec j \quad \text{in} \quad S(\tau_{\mu-1}, \tau_{\mu+\nu}) .$$

Damit sind $V_{\mu+\nu}^{(k)}$ und $W_{\mu+\nu}^{(k)}$ beide in $\mathcal{U}(S_{\mu,\mu+\nu-1})$, und dies gilt nach Induktionsannahme (5) auch für $C_{\mu+\nu-1}$. Wegen der Gruppeneigenschaft von $\mathcal{U}(S_{\mu,\mu+\nu-1})$ folgt nach (4), daß $C_{\mu+\nu} \in \mathcal{U}(S_{\mu,\mu+\nu-1})$, und z.B. mit der Induktionsannahme (5') ergibt sich schließlich

$$C_{\mu+\nu} \in \mathcal{U}(S_{\mu,\mu+\nu}).$$

e) <u>Anwendungen des Einzigkeitssatzes:</u>

(i) Die formale Lösung $H = F_b\ G_b$ ist der Dgl [A] nicht eindeutig zugeordnet; vielmehr kann statt ihr auch $\tilde{H} = H\ C$ mit einer konstanten G_b-zulässigen Matrix C betrachtet werden. Setzen wir für alle ganzen ν

$$\tilde{X}_\nu(z) = X_\nu(z)\ C ,$$

so folgt

$$\tilde{X}_\nu(z) \cong \tilde{H}(z) \text{ in } S_\nu , \quad \tilde{V}_\nu = \tilde{X}_\nu^{-1}\ \tilde{X}_{\nu-1} = C^{-1}\ V_\nu\ C.$$

Da C diagonal geblockt ist, hat $\tilde{V}_\nu$ denselben Träger wie V_ν, also ist sicher $\tilde{V}_\nu \in \mathcal{U}(\mathcal{G}_\nu)$. Daher sind die Lösungen $\tilde{X}_\nu$ die Normallösungen zu der formalen Lösung $\tilde{H}$, und $\tilde{V}_\nu$ sind gerade die zu $\tilde{H}$ gehörigen normalisierten Verbindungsmatrizen.

(ii) Die Grundsektoren $S_o, S_1, \ldots, S_{m-1}$ überdecken die z-Ebene, und weniger Sektoren tun dies nicht. Wir wollen zeigen, daß durch die Grundlösungen $X_o, \ldots, X_{m-1}$ die übrigen Normallösungen und ihre Verbindungsmatrizen bestimmt sind und daß für jedes X_ν die Monodromiematrix M_ν durch die formale Monodromiematrix L und die Verbindungsmatrizen ausgedrückt werden kann.

Proposition. Es gelten die Beziehungen

(8) $$X_{\nu+m}(z) = X_\nu(z\, e^{-2\pi i})\, e^{2\pi i L} ,$$

(9) $$V_{\nu+m} = e^{-2\pi i L}\, V_\nu\, e^{2\pi i L} ,$$

(10) $$e^{2\pi i M_\nu} = e^{2\pi i L}\, V_{\nu+m} \cdots V_{\nu+1}$$

für jedes ganze ν; dabei ist M_ν eine Monodromiematrix für X_ν.

Beweis. Sei $Y_{\nu+m}(z) = X_\nu(z\, e^{-2\pi i})\, e^{2\pi i L}$, dann ist

$X_\nu(z\, e^{-2\pi i}) \cong H(z\, e^{-2\pi i}) = H(z)\, e^{-2\pi i L}$ in $S_{\nu+m}$, also

$$Y_{\nu+m}(z) \cong H(z) \quad \text{in} \quad S_{\nu+m} ,$$

und

$$W_{\nu+m} = Y_{\nu+m}^{-1}(z)\, Y_{\nu+m-1}(z) = e^{-2\pi i L}\, V_\nu\, e^{2\pi i L}.$$

Da $e^{2\pi i L} = D\,R$ mit diagonal geblocktem D ist, gilt

$D^{-1}\,V_\nu\,D \in \mathcal{U}(\varrho_\nu)$, und (vergl. 6c, Formel (7))

$$R^{-1}\,D^{-1}\,V_\nu\,D\,R \in \mathcal{U}(\mathcal{S}_{\nu+m}).$$

Somit ist $Y_{\nu+m}$ gerade die Normallösung $X_{\nu+m}$ für den Sektor $S_{\nu+m}$, und die behaupteten Identitäten (8) und (9) folgen unmittelbar. Mit ihrer Hilfe folgt

$$X_\nu(z) = X_{\nu+m}(z)\,V_{\nu+m}\cdots V_{\nu+1}$$

$$= X_\nu(z\,e^{-2\pi i})\,e^{2\pi i L}\,V_{\nu+m}\cdots V_{\nu+1}\,,$$

also ist der Monodromiefaktor $e^{2\pi i M_\nu}$ für X_ν gegeben durch

$$e^{2\pi i M_\nu} = e^{2\pi i L}\,V_{\nu+m}\cdots V_{\nu+1}\,.$$

f) Der Schließungssatz:

Wir haben gesehen, daß jeder Dgl [A] nach Wahl einer formalen Lösung $H = F_b\,G_b$ im Fall $\ell \geq 2$ eindeutig die Grundlösungen

$$X_0,\ldots,X_{m-1}\;;\;X_m(z) = X_0(z\,e^{-2\pi i})\,e^{2\pi i L}$$

und das Verbindungssystem

$$V = (V_1,\ldots,V_m)$$

zugeordnet sind.

Um die Eindeutigkeit zu erhalten, war eine Konstruktion notwendig, bei der in vielen Fällen mehrere Blätter der Riemann'schen Fläche durchlaufen werden müssen. Daß eine Charakterisierung der Grundlösungen trotzdem schon in der Grundebene möglich ist, zeigt der Schließungssatz:

Satz IV'. Sei $\ell \geq 2$, dann gibt es genau ein System von Fundamentallösungen $Y_\mu (\mu = 0,\ldots,m-1)$, $Y_m(z) = Y_0(z\, e^{-2\pi i})\, e^{2\pi i L}$, mit

$$Y_\mu \cong H \quad \text{in} \quad S_\mu$$

und mit Verbindungsmatrizen

$$W_\nu = Y_\nu^{-1}\, Y_{\nu-1} \in \mathcal{U}(\varrho_\nu) \quad (\nu = 1,\ldots,m).$$

Bemerkung: Da die Grundlösungen alle Eigenschaften haben, die von den Y_μ verlangt werden, folgt natürlich aus Satz IV', daß die Y_μ gerade die Grundlösungen sind.

Satz IV' garantiert die Berechenbarkeit der Grundlösungen, denn sind $\hat{X}_\nu$ irgendwelche Fundamentallösungen, die in S_ν asymptotisch zu H sind für $\nu = 0,\ldots,m-1$, so berechnen wir die Verbindungsmatrizen

$$\hat{V}_\nu = \hat{X}_\nu^{-1}\, \hat{X}_{\nu-1} \quad (\nu = 1,\ldots,m),$$

mit
$$\hat{X}_m(z) = \hat{X}_0(z\, e^{-2\pi i})\, e^{2\pi i L} .$$

Setzen wir dann $Y_\nu = \hat{X}_\nu\, C_\nu$ mit unbestimmten Matrizen C_ν, so gibt es nach Satz IV' genau ein Matrixtupel $C_0,\ldots,C_m$ mit

$C_m = e^{-2\pi iL} C_0 e^{2\pi iL}$, das die Bedingungen $C_\mu \in \mathcal{U}(S_\mu)$ für $\mu = 0,\dots,m-1$ und

$$C_\nu^{-1} \hat{V}_\nu C_{\nu-1} \in \mathcal{U}(\mathfrak{S}_\nu) \quad \text{für} \quad \nu = 1,\dots,m$$

erfüllt; für diese C_ν sind die Y_ν gerade die Grundlösungen und $C_\nu^{-1}\hat{V}_\nu C_{\nu-1}$ das Verbindungssystem.

<u>Beweis.</u> Die Existenz solcher Y_μ ist klar, denn wir können $Y_\mu = X_\mu$ setzen. Um die Eindeutigkeit zu erhalten, definieren wir Fundamentalmatrizen Y_ν für alle ganzen Zahlen ν, indem wir für ganze Zahlen k die Gleichungen

$$Y_{\nu+(k+1)m}(z) = Y_{\nu+km}(z\, e^{-2\pi i})\, e^{2\pi iL} \quad (\nu = 0,\dots,m-1)$$

sukzessive als Definition für $Y_{\nu+(k+1)m}$ oder $Y_{\nu+km}$ auffassen, je nachdem $k \geq 0$ oder $k < 0$ ist. Mit dieser Definition ergibt sich dann für jedes ganze ν

$$Y_{\nu+m}(z) = Y_\nu(z\, e^{-2\pi i})\, e^{2\pi iL}, \quad Y_\nu \cong H \text{ in } S_\nu,$$

$$W_{\nu+m} = Y_{\nu+m}^{-1} Y_{\nu+m-1} = e^{-2\pi iL} Y_\nu^{-1} Y_{\nu-1} e^{2\pi iL}$$

$$= e^{-2\pi iL} W_\nu e^{2\pi iL}.$$

Durch die gleiche Überlegung wie in d) ergibt sich

$$W_\nu \in \mathcal{U}(\mathfrak{S}_\nu) \text{ genau, wenn } W_{\nu+m} \in \mathcal{U}(\mathfrak{S}_{\nu+m}),$$

also folgt ähnlich wie bei der Definition der Y_ν

$$W_\nu \in \mathcal{U}(g_\nu)$$

für alle ganzen Werte von ν. Damit sind Y_ν die zu H gehörigen Normallösungen.

Folgerung: Bei konvergentem $F_b(z)$ haben die Funktionen $Y_\mu(z) = H(z)$ offenbar alle in Satz IV' erwähnten Eigenschaften, so daß in diesem Falle alle Grundlösungen gleich H und alle Matrizen des Verbindungssystems gleich der Einheitsmatrix sein müssen. Umgekehrt, sind alle $V_\nu = I$ $(\nu = 1,\ldots,m)$, so gilt mit (9) sogar für alle ganzen ν

$$V_\nu = I, \quad \text{also} \quad X_\nu = X_o .$$

Daher ist $X_o \cong H$ in $S(-\infty,\infty)$, was die Konvergenz von F_b impliziert (vergl. 7b). Also ist die Konvergenz von F_b gleichbedeutend mit $V_\nu = I$ für $\nu = 1,\ldots,m$; außerdem sind in diesem Fall alle Normallösungen gleich H.

9. Sektorielle Transformationen und Freiheitsgrad des Verbindungssystems

a) Sektorielle Transformationen:

Im folgenden sei wieder $\ell \geq 2$, also $m \geq 1$. Gegeben sei eine zulässige Matrixfunktion $G_b(z)$, d.h. eine Matrix, die allen Bedingungen an eine formale Birkhoff'sche Invariante entspricht. Ferner sei $V = (V_1, \ldots, V_m)$ ein beliebiges System von Matrizen $V_\nu \in \mathcal{U}(\mathcal{S}_\nu)$, das wir ebenfalls als zulässig bezeichnen wollen; man beachte dabei, daß die Positionsmengen $\mathcal{S}_\nu$ durch G_b bestimmt sind. Wir wollen zeigen, daß zu jedem zulässigen Paar (G_b, V) eine Dgl [A] sowie eine passend gewählte formale Lösung H von [A] existieren, so daß G_b gerade die formale Birkhoff-Invariante und V das Verbindungssystem zu [A] und H ist. Das bedeutet, daß jedes zulässige Paar (G_b, V) auch tatsächlich zu einem Paar (A, H) gehört. Dazu soll eine differentialgleichungsfreie Formulierung des Existenzproblems dienen.

Ist ein zulässiges Paar (G_b, V) gegeben, so heißen Matrixfunktionen $T_\mu(z)$ $(\mu = 0, \ldots, m-1)$, $T_m(z) = T_0(z\, e^{-2\pi i})$, zugehörige sektorielle Transformationen, wenn folgendes gilt:

Für $\mu = 0, \ldots, m-1$ und passendes $a \geq 0$ ist

(i) T_μ analytisch und invertierbar in $S_\mu = \{ z : |z| > a,\ \tau_{\mu-1} < \arg z < \tau_{\mu+1} \}$; T_μ besitzt in S_μ eine asymptotische Entwicklung in eine formale Potenzreihe in z^{-1} mit Hauptglied I;

(ii) wird $T_{\nu,\nu-1}(z) = G_b(z)\, V_\nu\, G_b^{-1}(z)$ gesetzt, so gilt

$T_{\nu,\nu-1}(z) = T_\nu^{-1}(z)\ T_{\nu-1}(z)$ in $S'_\nu = S_{\nu-1} \cap S_\nu$

für $\nu = 1,\ldots,m$.

Beachtet man, daß $T_{\nu,\nu-1}(z) = G_b(z)\ V_\nu\ G_b^{-1}(z) \cong I$ in S'_ν gilt, so ergibt sich, daß T_ν und $T_{\nu-1}$ in S'_ν die gleiche asymptotische Entwicklung haben, so daß die in (i) vorausgesetzte Entwicklung der T_μ unabhängig von μ sein muß.

b) Sektorielle Transformationen und meromorphe Dgln:

Gegeben sei ein zulässiges Paar (G_b,V). Ist dann (A,H) ein beliebiges, zu (G_b,V) gehöriges Paar, d.h. $[A]$ ist eine meromorphe Dgl mit formaler Lösung $H = F_b\ G_b$, den zugehörigen Grundlösungen X_ν $(0 \leq \nu \leq m-1)$, $X_m(z) = X_0(z\ e^{-2\pi i})\ e^{2\pi i L}$ und dem zugehörigen Verbindungssystem $V = (V_1,\ldots,V_m)$, so setzen wir

$$T_\nu(z) = X_\nu(z)\ G_b^{-1}(z) \quad \text{für} \quad \nu = 0,\ldots,m.$$

Es ist leicht nachzurechnen, daß die T_ν zu (G_b,V) gehörige sektorielle Transformationen sind, insbesondere ist $T_\nu \cong F_b$ in S_ν. Die Systeme (T_ν) der sektoriellen Transformationen sind den obigen Paaren (A,H) auf diese Weise eindeutig zugeordnet. Da in den zu (G_b,V) gehörigen Paaren (A,H) nur der Faktor F_b variiert, ist die Zuordnung sogar eineindeutig. Wie sich zeigen wird, entstehen auf diese Weise genau alle zu (G_b,V) gehörigen sektoriellen Transformationen, so daß es sich hier um eine echte Korrespondenz zwischen den zu (G_b,V) gehörigen Paaren (A,H) einerseits und den zu (G_b,V) gehörigen Systemen sektorieller Transformationen andererseits handelt.

Wir merken noch an, daß jede der Funktionen T_ν als eine Transformation aufgefaßt werden kann, welche [A] in seine formale Birkhoff'sche Normalform $[G_b' \, G_b^{-1}]$ überführt. In dem Sektor S_ν besitzt T_ν die asymptotische Reihenentwicklung F_b (tatsächlich gilt $T_\nu \cong F_b$ genau in jedem S, in dem $X_\nu \cong H$ gilt). Die sektoriellen Transformationen verallgemeinern somit die bisher betrachteten Transformationen in dem Sinne, daß sie bei $z = \infty$ nicht analytisch zu sein brauchen, sondern nur eine asymptotische Entwicklung in dem entsprechenden Sektor haben; dafür müssen sie über das Verbindungssystem zusammenhängen.

Proposition. Gegeben sei ein zulässiges Paar (G_b,V) und zugehörige sektorielle Transformationen

$$T_0(z),\dots,T_{m-1}(z);\; T_m(z) = T_0(z\, e^{-2\pi i}).$$

Es bezeichne $F_b(z)$ die gemeinsame asymptotische Entwicklung der $T_\nu(z)$. Dann gibt es genau eine meromorphe Dgl [A], so daß $H = F_b(z)\, G_b(z)$ formale Lösung von [A], also insbesondere $G_b(z)$ die formale Birkhoff-Invariante ist; ferner sind dann die Matrixfunktionen

$$X_\nu(z) = T_\nu(z)\, G_b(z) \quad \text{für} \quad \nu = 0,\dots,m$$

mit

$$X_m(z) = X_0(z\, e^{-2\pi i})\, e^{2\pi i L}$$

die zu (A,H) gehörigen Grundlösungen und V das zugehörige Verbindungssystem. (Wie man sieht, entspricht dem Paar (A,H) gerade das gegebene System (T_ν); die Abbildung $(A,H) \rightarrow (T_\nu)$ ist also bijektiv.)

Beweis. Wir definieren $X_\nu(z) = T_\nu(z)\, G_b(z)$ für $\nu = 0,\dots,m$ und bilden die Funktionen $A_\nu(z) = X'_\nu(z)\, X_\nu^{-1}(z)$. Eigenschaft (ii) der sektoriellen Transformationen T_ν impliziert für $\nu = 1,\dots,m$

$$X_{\nu-1}(z) = X_\nu(z)\, V_\nu \quad \text{in } S'_\nu\,,$$

also

$$A_{\nu-1}(z) = X'_\nu\, V_\nu\, V_\nu^{-1}\, X_\nu^{-1} = A_\nu(z) \text{ in } S'_\nu\,.$$

Somit sind die Funktionen A_μ die analytischen Fortsetzungen der Funktion A_0 in die Sektoren S_μ für $\mu = 1,\dots,m$.

Aus $T_m(z) = T_0(z\, e^{-2\pi i})$ folgt daher

$$X_m(z) = T_0(z\, e^{-2\pi i})\, G_b(z\, e^{-2\pi i})\, e^{2\pi i L}$$

$$= X_0(z\, e^{-2\pi i})\, e^{2\pi i L} \text{ in } S_m\,,$$

also

$$A_m(z) = A_0(z\, e^{-2\pi i}) \text{ in } S_m\,.$$

Daher fügen sich die $A_\nu(z)$ zu einer eindeutigen analytischen Funktion $A(z)$ in der z-Ebene zusammen, und es gilt

$$X'_\nu(z)\, X_\nu^{-1}(z) = A(z) \text{ in } S_\nu \text{ für } \nu = 0,\dots,m-1.$$

Wegen

$$A(z) = T_\nu'(z)\, T_\nu^{-1}(z) + T_\nu(z)\, G_b'(z)\, G_b^{-1}(z)\, T_\nu^{-1}(z)$$

$$\cong F_b'\, F_b^{-1} + F_b\, G_b'\, G_b^{-1}\, F_b^{-1} \text{ in } S_\nu \quad (\nu=0,\ldots,m-1)$$

hat $A(z)$ asymptotisch eine meromorphe Reihenentwicklung in einer vollen Umgebung von $z = \infty$ und ist daher dort meromorph. Also ist [A] eine meromorphe Dgl mit X_ν als Fundamentalsystemen und mit $H = F_b\, G_b$ als formaler Lösung. Da $X_0,\ldots,X_m$ allen Bedingungen des Schließungssatzes genügen, sind sie die zu (A,H) gehörigen Grundlösungen, also V das zugehörige Verbindungssystem. Die Einzigkeit von A ist klar.

c) Realisierung von (G_b,V):

Wir sehen, daß die Frage der Realisierung eines zulässigen Paares (G_b,V) durch eine meromorphe Dgl [A] auch differentialgleichungsfrei formuliert werden kann: nämlich als die Quotientendarstellung gegebener Funktionen $T_{\nu,\nu-1}(z)$ in der Form $T_{\nu,\nu-1}(z) = T_\nu^{-1}(z)\, T_{\nu-1}(z)$. Daß dies stets möglich ist, zeigt der folgende Satz, der in etwas allgemeinerer Form von Sibuya bewiesen wurde. Von Birkhoff stammt ein Satz, im Zusammenhang mit seinen Untersuchungen über das verallgemeinerte Riemann'sche Problem, der für eine allgemeinere Situation aufgestellt und bewiesen wurde, und der den Sibuya'schen Satz als Spezialfall enthält. Wir rechnen dieses Ergebnis zu den Grundtatsachen und lassen daher den Beweis fort.

Satz C. Gegeben seien Richtungen τ_ν mit

$$0 \leq \tau_0 < \tau_1 < \ldots < \tau_{m-1} < 2\pi$$

sowie die damit gebildeten Sektoren

$$S_\nu = \{z : |z| > a,\ \tau_{\nu-1} < \arg z < \tau_{\nu+1}\}$$

mit

$$\tau_{-1} = \tau_{m-1} - 2\pi,\ \tau_m = \tau_0 + 2\pi,\ a \geq 0,\ 0 \leq \nu \leq m-1,\ S_m = S_0 e^{2\pi i}.$$

Ferner seien $T_{\nu,\nu-1}(z)$ invertierbare analytische Funktionen in $S'_\nu = S_\nu \cap S_{\nu-1}$ mit

$$T_{\nu,\nu-1}(z) \cong I \text{ in } S'_\nu \text{ für } \nu = 1,\ldots,m.$$

Dann gibt es (nach eventueller Vergrößerung von a) Matrixfunktionen $T_\nu(z)$, $T_m(z) = T_0(z\,e^{-2\pi i})$ mit folgenden Eigenschaften für $\nu = 0,\ldots,m-1$:

(i) $T_\nu(z)$ ist invertierbar und analytisch in S_ν ;

$T_\nu(z)$ besitzt in S_ν eine asymptotische Entwicklung in eine formale Potenzreihe in z^{-1} mit Hauptglied I;

(ii) $T_{\nu+1}^{-1}(z)\, T_\nu(z) = T_{\nu+1,\nu}(z)$ in $S'_{\nu+1}$.

Aus diesem Ergebnis folgt

Satz V. Sei $\ell \geq 2$, dann gibt es zu jedem zulässigen Paar (G_b,V) ein zugehöriges Paar (A,H), also eine meromorphe Dgl [A] mit formaler Lösung $H = F_b\, G_b$, so daß G_b die formale Birkhoff-Invariante von [A] und V das zu (A,H) gehörige Verbindungssystem ist.

Somit sind alle zulässigen Paare (G_b, V) realisierbar, V also frei, d.h. keinen weiteren Einschränkungen unterworfen.

Beweis. Für $\nu = 1,\dots,m$ sei $T_{\nu,\nu-1}(z) = G_b(z)\, V_\nu\, G_b^{-1}(z)$ gesetzt. Dann ist Satz C auf diese Funktionen anwendbar, und die T_ν $(\nu = 0,\dots,m)$ sind zu (G_b, V) gehörige sektorielle Transformationen. Diese bestimmen nach unserer Proposition eindeutig ein zu (G_b, V) gehöriges Paar (A,H).

10. Asymptotische Sektoren und Stokes'sches Phänomen

Wir wollen uns nun bei gegebener Dgl [A] eine formale Lösung $H = F_b\, G_b$ als gewählt denken. Ferner sei im Falle $\ell \geq 2$ das zu (A,H) gehörige Verbindungssystem $V = (V_1,\dots,V_m)$ bestimmt.

Sei X eine Fundamentallösung von [A], die in einem Sektor S eine einheitliche Asymptotik hat, etwa

$$X \cong H\, C \quad \text{in} \quad S. \tag{1}$$

Dann hat jede Lösung $\hat{X} = X\, \hat{C}$ eine einheitliche Asymptotik in S, nämlich $\hat{X} \cong H\, C\, \hat{C}$ in S. Außerdem kennen wir den Freiheitsgrad bei der Angabe der einheitlichen Asymptotik: Ist auch

$$X \cong H\, C_1 \quad \text{in} \quad S\ ,$$

so sind XC^{-1} und XC_1^{-1} zwei Lösungen mit H als Asymptotik in S, also unterscheiden sie sich genau durch einen Rechtsfaktor aus $\mathcal{U}(S)$. Somit ist C in (1) genau bestimmt bis auf einen Linksfaktor aus $\mathcal{U}(S)$.

a) Maximale Sektoren:

Bei der Diskussion maximaler Sektoren können wir uns auf Lösungen mit H als Asymptotik beschränken. Wir beginnen mit dem Fall, in dem F_b konvergent, also H eine eigentliche Lösung ist. Dann ist jede Lösung von der Form $X = HC$, und es gilt $X \cong H$ in S genau, wenn $C \in \mathcal{U}(S)$. Wenn $C \neq I$ ist, muß der maximale Sektor S^* endlich sein.

Nun sei F_b divergent und $X \cong H$ in S^* (dabei sei S^* schon maximal und notwendig endlich). Da S^* von Stokes'schen Richtungen begrenzt sein muß, gilt

$$S^* = S(\tau_{\mu-1}, \tau_{\mu+k+1}) \text{ für ganzes } \mu \text{ und } k \geq -1.$$

Es gibt invertierbare, konstante Matrizen C_ν, so daß

$$X = X_\nu C_\nu \quad (\nu \text{ ganz});$$

dabei seien die X_ν die Normallösungen.

Wegen $X = X_{\nu-1} C_{\nu-1}$ und $X_{\nu-1} = X_\nu V_\nu$ ist

$$C_\nu = V_\nu C_{\nu-1},$$

also können bei Kenntnis eines C_μ und des Verbindungssystems alle C_ν berechnet werden. Offenbar gilt $X \cong H$ in S_ν genau dann, wenn

$c_\nu \in \mathcal{U}(S_\nu)$ ist, und dies ist mit Hilfe des Verbindungssystems entscheidbar. Die Bedingungen dafür, daß $X \cong H$ in $S^* = S(\tau_{\mu-1}, \tau_{\mu+k+1})$ gilt und daß S^* maximal ist, lauten im Fall $k \geq 0$:

$$c_\nu \in \mathcal{U}(S_\nu) \quad (\nu = \mu,\ldots,\mu+k) \ ,$$

$$c_\nu \notin \mathcal{U}(S_\nu) \quad (\nu = \mu - 1 \text{ und } \nu = \mu + k + 1),$$

im Fall $k = -1$:

$$c_\mu \in \mathcal{U}(S'_\mu), \; c_\mu \notin \mathcal{U}(S_\mu), \; c_{\mu-1} \notin \mathcal{U}(S_{\mu-1}).$$

b) Asymptotische Sektoren:

Die maximalen Sektoren sind also mit dem Verbindungssystem berechenbar. Dabei kann es durchaus passieren, daß S^* zwar der maximale Sektor für X ist, wenn wir eine ganz bestimmte Asymptotik, etwa H, vorschreiben, daß aber X noch in größeren Sektoren eine einheitliche (andere) Asymptotik hat. Etwa im Konvergenzfall kann der maximale Sektor endlich sein, obwohl jede Lösung X auf der ganzen Riemann'schen Fläche eine einheitliche Asymptotik hat. Dies zeigt, daß man besser fragen sollte, in welchen Sektoren eine Lösung eine einheitliche Asymptotik hat, ohne eine bestimmte Asymptotik vorzuschreiben. Wir haben gesehen, daß diese Frage auf die Bestimmung der asymptotischen Sektoren hinausläuft. Dabei ist zu bemerken, daß es zu einem asymptotischen Sektor i.a. mehrere maximale asymptotische Sektoren geben kann. Aus früheren Überlegungen folgt, daß bei divergenter Entwicklung F_b alle asymptotischen Sektoren endlich sind, während bei konvergentem F_b alle Sektoren asymptotisch sind; im zweiten Fall ist $S(-\infty,\infty)$ der einzige maximale asymptotische Sektor. Der folgende Satz charakterisiert die (maximalen) asymptotischen Sektoren vollständig in Abhängigkeit vom Verbindungssystem V.

Satz VI. Im Falle der Konvergenz von F_b sind alle Sektoren asymptotische Sektoren. Sei nun F_b divergent (also $\ell \geq 2$) und S (notwendigerweise) endlich: Enthält S höchstens eine Stokes'sche Richtung, so ist S jedenfalls ein asymptotischer Sektor. Enthält S mindestens zwei Stokes'sche Richtungen, eine erste τ_μ und eine letzte $\tau_{\mu+k}$ mit $k \geq 1$, so ist S asymptotischer Sektor genau, wenn

(2) $$V_{\mu+\nu} \in \mathcal{U}(S_{\mu,\mu+\nu-1}) \text{ für } \nu = 1,\dots,k ,$$

d.h. wenn die Paare $(i,j) \in \operatorname{supp} V_{\mu+\nu}$ keinen Führungswechsel in S vor $\tau_{\mu+\nu}$ haben (dies gilt auch für $\nu = 0$).

Bemerkungen. (i) Die Bedingungen (2) sind nur von $\operatorname{supp} V_{\mu+\nu}$, also nicht von der Wahl von H abhängig.

(ii) Sei F_b divergent, dann sind die maximalen asymptotischen Sektoren von der Form $S_{\mu,\mu+k}$ mit $k \geq 0$, wobei (2) gilt und

$$V_{\mu+k+1} \notin \mathcal{U}(S_{\mu,\mu+k}) ,$$

$$V_{\mu+\nu} \notin \mathcal{U}(S_{\mu-1,\mu+\nu-1}) \text{ für ein } \nu \in \{0,\dots,k\} ,$$

d.h. die Paare $(i,j) \in \operatorname{supp} V_{\mu+\nu}$ haben keinen Führungswechsel in S vor $\tau_{\mu+\nu}$ für $\nu = 0,1,\ldots,k$, aber für ein solches ν hat eines dieser Paare einen Führungswechsel bei $\tau_{\mu-1}$, außerdem gibt es ein $(i,j) \in \operatorname{supp} V_{\mu+k+1}$, das einen Führungswechsel in S hat.

(iii) Sei V von allgemeiner Natur, d.h. $\operatorname{supp} V_\nu = \mathcal{G}_\nu$ für $\nu=1,\ldots,m$. Dann ist S asymptotischer Sektor genau, wenn jedes Paar $i \neq j$ höchstens einen Führungswechsel in S hat; denn zum einen folgt unter dieser Voraussetzung die Bedingung (2), und wenn ein Paar $i \neq j$ zwei Führungswechsel in S hat, etwa einen bei $\tau_{\mu+\nu}$ und einen weiteren davor, so ist bei passender Anordnung $(i,j) \in \mathcal{G}_{\mu+\nu} = \operatorname{supp} V_{\mu+\nu}$, also (2) falsch. Somit ist tatsächlich $\frac{\pi}{d_1}$ der maximale Wert für δ im Hauptsatz, wenn V von allgemeiner Natur ist (vgl. die zweite Bemerkung in 7.f).

c) Beweis von Satz VI:

Im Falle der Konvergenz von F_b folgt die Behauptung des Satzes unmittelbar, da dann H eigentliche Lösung ist. Wenn S nur eine Stokes'sche Richtung enthält, gilt $S \subseteq S_\mu$ für ein passendes μ, also ist S asymptotischer Sektor. Zu betrachten bleibt daher nur der Hauptfall, daß S genau die Stokes'schen Richtungen $\tau_\mu,\ldots,\tau_{\mu+k}$ mit $k \geq 1$ enthält.

α) Sei S asymptotischer Sektor. Dann gibt es eine Fundamentallösung X mit H als Asymptotik in S, und es gilt dann sogar

$$X \cong H \text{ in } S_{\mu,\mu+k} .$$

Mit der Matrix $Y_\mu = X$ konstruieren wir wie üblich eine Folge von Matrizen $Y_{\mu+\nu}$, so daß gilt

$$Y_{\mu+\nu} \cong H \text{ in } S_{\mu+\nu} ,$$

$$Y_{\mu+\nu}^{-1} Y_{\mu+\nu-1} \in \mathcal{U}(\mathcal{S}_\nu) \text{ für } \nu \geq 1.$$

Da bei dieser Konstruktion $Y_{\mu+\nu}$ durch $Y_{\mu+\nu-1}$ eindeutig bestimmt ist, folgt

$$Y_\mu = Y_{\mu+1} = \dots = Y_{\mu+k} = X.$$

Vergleichen wir $Y_{\mu+\nu}$ mit der Normallösung $X_{\mu+\nu}$ zu H, so folgt aus dem Einzigkeitssatz

$$Y_{\mu+\nu}^{-1} X_{\mu+\nu} \in \mathcal{U}(S_{\mu,\mu+\nu}) ,$$

also für $\nu = 0,\dots,k$:

$$X^{-1} X_{\mu+\nu} \in \mathcal{U}(S_{\mu,\mu+\nu}) ;$$

und da $X \cong H$ in $S_{\mu,\mu+\nu}$ gilt, ergibt sich

(3) $$X_{\mu+\nu} \cong H \text{ in } S_{\mu,\mu+\nu}$$

für diese ν.

Für $\nu = 1,\dots,k$ gilt insbesondere $X_{\mu+\nu-1} \cong H$ in $S_{\mu,\mu+\nu-1}$ und $X_{\mu+\nu} \cong H$ in $S_{\mu,\mu+\nu-1}$, also

$$V_{\mu+\nu} \in \mathcal{U}(S_{\mu,\mu+\nu-1}),$$

was zu beweisen war.

β) Es gelte (2). Dann folgt induktiv, daß (3) gilt für $\nu = 0,\dots,k$; denn es gilt $X_{\mu+\nu} \cong H$ in $S_{\mu+\nu}$, und aus $X_{\mu+\nu-1} \cong H$ in $S_{\mu,\mu+\nu-1}$ folgt mit (2), daß $X_{\mu+\nu} \cong H$ in $S_{\mu,\mu+\nu-1}$ gilt. Für $\nu = k$ zeigt dies aber, daß $S_{\mu,\mu+k}$ ein asymptotischer Sektor ist, also auch der in $S_{\mu,\mu+k}$ enthaltene Sektor S.

Bemerkungen. (i) Der Beweis zeigt, daß im letzten Fall zu einem asymptotischen Sektor S stets eine Lösung mit der Asymptotik H in S direkt angegeben werden kann, nämlich $X_{\mu+k}$.

(ii) Das Stokes'sche Phänomen besteht darin, daß eine Lösung X eine einheitliche Asymptotik nur in bestimmten Sektoren, nämlich den asymptotischen Sektoren, haben kann. Durch die vollständige Bestimmung dieser asymptotischen Sektoren mit Hilfe des Verbindungssystems wird das Stokes'sche Phänomen völlig berechenbar und kann daher als aufgeklärt gelten.

11. Verbindungssysteme und der Äquivalenzsatz für Paare:

In der formalen Theorie hatten wir durch Normalisierungen immer speziellere Arten von formalen Lösungen ausgewählt; so etwa Lösungen der Form $F_b\ G_b$, die wir jetzt mit H_b bezeichnen wollen. Dabei war G_b die eindeutig bestimmte Birkhoff'sche Invariante und F_b in den bekannten Grenzen frei wählbar. Analog führen wir die Bezeichnungen $H_a = F_a\ G_a$, $H_m = F_m\ G_m$ ein; dabei ist G_a bzw. G_m eindeutig normalisiert und F_a bzw. F_m in den entsprechenden Grenzen frei wählbar. Diese Typen formaler Lösungen sind als natürlich anzusehen im Zusammenhang mit Birkhoff'scher bzw. analytischer bzw. meromorpher Äquivalenz. Im folgenden ist es jedoch geraten, allgemeinere Typen formaler Lösungen zuzulassen. Dabei ist es wichtig feszuhalten, daß bei einer Umordnung von Q zwar die Führungsrelation einer Permutation unterworfen wird, daß aber die Stokes'schen Richtungen und damit auch die Sektoren S_ν, S'_ν dadurch nicht geändert werden.

Wir wollen im folgenden formale Lösungen der Form

$$\hat{H}(z) = \hat{\Psi}(z)\ e^{\hat{Q}(z)}, \quad \Psi^{\pm 1}(z) \text{ formal logarithmisch}$$

betrachten; dabei darf $\hat{Q}$ eine völlig beliebige Permutation von Q sein, etwa

$$\hat{Q} = \hat{R}^{-1}\ Q\ \hat{R},\ \hat{R} \text{ Permutationsmatrix.}$$

Wir geben also die Oberblock- und evtl. auch die Block-Struktur von Q auf. Mit $H = \Psi\ e^Q$ bezeichnen wir solche Lösungen, bei denen Q in der normalisierten Anordnung steht. Offenbar ist

$$\hat{H}(z) = H(z)\ \hat{R}$$

für ein geeignetes H(z). Ferner gilt nach der formalen Theorie

$$H(z) = H_b(z)\ D$$

für eine passende diagonal geblockte, konstante invertierbare Matrix D; insgesamt ist also

$$(1) \qquad \hat{H}(z) = H_b(z)\ C\ ,\ C = D\ \hat{R}\ ,$$

und (1) zeigt, um wieviel allgemeiner die Lösungen $\hat{H}$ gegenüber H_b sind; nämlich gerade um Rechtsfaktoren der Form $C = D\ \hat{R}$.

Ist $e^{2\pi i\hat{L}}$ der Monodromiefaktor für $\hat{H}(z)$, so folgt aus (1)

$$e^{2\pi i\hat{L}} = C^{-1}\ e^{2\pi iL}\ C.$$

a) Verallgemeinerte Normal - und Grundlösungen:

Sei zunächst $\ell \geq 2$. Um Normal- und Grundlösungen zu $\hat{H}$ einzuführen, ist es natürlich, eine Charakterisierung der Normal- und Grundlösungen zu H_b zu betrachten, die nicht die Positionsmengen ς_ν enthält, da diese bei Umordnung von Q geändert werden. Da ς_ν alle Paare $i \neq j$ enthält, für die die Führung bei τ_ν von i auf j überwechselt, gilt $V_\nu \in \mathcal{U}(\varsigma_\nu)$ genau, wenn $e^{Q(z)}\ V_\nu\ e^{-Q(z)} \cong I$ in S_ν' und $e^{-Q(z)}\ V_\nu\ e^{Q(z)} \cong I$ in $S_{\nu+1}'$ gilt.

Daher können wir die Normallösungen X_ν zu H_b charakterisieren als das einzige Lösungssystem, das den Bedingungen

(2) $X_\nu(z) \cong H_b(z)$ in S_ν ,

(3) $e^{Q(z)} V_\nu e^{-Q(z)} \cong I$ in S'_ν , $e^{-Q(z)} V_\nu e^{Q(z)} \cong I$ in $S'_{\nu+1}$

für alle ganzen ν genügt. Die Grundlösungen zu H_b sind dementsprechend bestimmt als das einzige Lösungssystem

$$X_0(z),\ldots, X_{m-1}(z) \; ; \; X_m(z) = X_0(z\, e^{-2\pi i})\, e^{2\pi i L} ,$$

das (2) und (3) für $\nu = 1,\ldots,m$ erfüllt.
Im Falle $\ell = 1$ definieren wir nur eine Normal- und eine Grundlösung, nämlich $X_0 = H$ im Sektor $S = S(-\infty,\infty)$, und wir vereinbaren als Verbindungssystem die leere Menge. Diese Normal- und Grundlösung ist durch ihre Asymptotik allein charakterisiert.
Zu einer formalen Lösung $\hat{H} = H_b\, C$, $C = D\hat{R}$ definieren wir nun

$$\hat{X}_\nu(z) = X_\nu(z)\, C ,$$

$$\hat{V}_\nu = \hat{X}_\nu^{-1} \hat{X}_{\nu-1} = C^{-1} V_\nu C$$

für alle ganzen ν (mit sinngemäßer Interpretation bei $\ell = 1$).
Dann gelten für alle ν die Beziehungen

(2') $\hat{X}_\nu(z) \cong \hat{H}(z)$ in S_ν ,

(3') $e^{\hat{Q}(z)} \hat{V}_\nu e^{-\hat{Q}(z)} \cong I$ in S'_ν , $e^{-\hat{Q}(z)} \hat{V}_\nu e^{\hat{Q}(z)} \cong I$ in $S'_{\nu+1}$,

denn $e^{\hat{Q}(z)} \hat{V}_\nu e^{-\hat{Q}(z)} = \hat{R}^{-1} e^{Q(z)} D^{-1} V_\nu D\, e^{-Q(z)} \hat{R}$,

und $D^{-1} V_\nu D$ hat denselben Träger wie V_ν . Außerdem bilden die

$\hat{X}_\nu$ das einzige Lösungssystem mit (2'), (3'), da umgekehrt aus (2'), (3') auch (2), (3) folgen. Wir nennen daher diese $\hat{X}_\nu$ die zu $\hat{H}$ gehörigen Normallösungen und $\hat{V}_\nu$ die zu $\hat{H}$ gehörigen Verbindungsmatrizen. Da die Beziehung

$X_m(z) = X_0(z\, e^{-2\pi i})\, e^{2\pi i L}$ äquivalent ist zu

$\hat{X}_m(z) = \hat{X}_0(z\, e^{-2\pi i})\, e^{2\pi i \hat{L}}$, definieren wir

$$\hat{X}_0(z),\ldots,\hat{X}_{m-1}(z)\ ;\ \hat{X}_m(z) = \hat{X}_0(z\, e^{-2\pi i})\, e^{2\pi i \hat{L}}$$

als die zu $\hat{H}$ gehörigen Grundlösungen und $\hat{V} = (\hat{V}_1,\ldots,\hat{V}_m)$ als das zu $\hat{H}$ gehörige Verbindungssystem; die Grundlösungen sind dann eindeutig charakterisiert durch das Bestehen von (2') und (3') für $\nu = 1,\ldots,m$ (mit sinngemäßer Interpretation für $\ell = 1$). Wir sehen also, daß die Definition der zu $\hat{H}$ gehörigen Grund- bzw. Normallösungen nur von der Wahl von $\hat{H}$ abhängt. Außerdem ist klar, wie die Lösungssysteme und Verbindungssysteme mit $\hat{H}$ wechseln:

Zu $\hat{H}$ und $\hat{X}_\nu$ tritt derselbe Rechtsfaktor hinzu; $\hat{V}_\nu$ ändert sich unter der entsprechenden Ähnlichkeit.

b) Formulierung des Äquivalenzsatzes für Paare:

Wir wollen nun einen Äquivalenzbegriff für Paare (A,H) einführen; dabei sei $H = \Psi\, e^Q$ eine formale Lösung der meromorphen Dgl [A] mit normalisiertem Q. Zwei solche Paare (A,H) und $(\tilde{A},\tilde{H})$ heißen v-meromorph äquivalent (für eine natürliche Zahl v), wenn es eine eigentliche meromorphe Transformation T in der Variablen $z^{\frac{1}{v}}$ gibt, die der Gleichung

$$H = T \tilde{H}$$

genügt; dann gilt zunächst formal $\tilde{A} = T^{-1} A T - T^{-1} T'$, und da alle Reihen konvergieren, gilt dies auch im eigentlichen Sinn, also sind passende Fundamentalsysteme X und $\tilde{X}$ zu [A] bzw. [$\tilde{A}$] verbunden durch

$$X = T \tilde{X} .$$

Über die Äquivalenz solcher Paare gilt der folgende, von den meisten Normalisierungen unabhängige

<u>Satz VII</u>. <u>Zwei Paare</u> (A,H) <u>und</u> ($\tilde{A}$,$\tilde{H}$) <u>mit normalisierten</u> Q <u>und</u> $\tilde{Q}$ <u>sind genau dann</u> v-<u>meromorph äquivalent, wenn</u>

(4) $$Q = \tilde{Q},\ e^{2v\pi iL} = e^{2v\pi i\tilde{L}},\ V_\nu = \tilde{V}_\nu \text{ für alle } \nu .$$

<u>Im Äquivalenzfall ist die Transformation</u> T, <u>die</u> (A,H) <u>in</u> ($\tilde{A}$,$\tilde{H}$) <u>überführt, eindeutig bestimmt durch</u>

(5) $$T = H \tilde{H}^{-1} = \Phi \tilde{\Phi}^{-1} ,$$

<u>und für die Normallösungen gilt</u>

(6) $$X_\nu = T \tilde{X}_\nu \quad \text{für alle } \nu .$$

<u>Bemerkungen</u>. (i) Wegen der Beziehungen $V_{\nu+m} = e^{-2\pi iL} V_\nu e^{2\pi iL}$ genügt es, in (4) die Gleichungen $V_\nu = \tilde{V}_\nu$ für $\nu = 1,\dots,m\,v$ zu verlangen. Dies bedeutet für die Verbindungssysteme

$$e^{-2k\pi iL} V_\nu e^{2k\pi iL} = e^{-2k\pi i\tilde{L}} \tilde{V}_\nu e^{2k\pi i\tilde{L}}$$

für $k = 0,\ldots,\nu-1$ und $\nu = 1,\ldots,m$.

(ii) Wird z.B. $H = H_m$, $\tilde{H} = \tilde{H}_m$ gewählt, so ist

$e^{2\pi iL} = U^{-1} e^{2\pi iJ} U$ und U ist durch Q bestimmt. Daher ist bei $Q = \tilde{Q}$ die Beziehung $e^{2\nu\pi iL} = e^{2\nu\pi i\tilde{L}}$ gleichbedeutend mit $e^{2\nu\pi iJ} = e^{2\nu\pi i\tilde{J}}$ oder mit

$$e^{2\nu\pi iJ_s} = e^{2\nu\pi i\tilde{J}_s}$$

in jedem Oberblock. Das bedeutet auf Grund unserer a-priori-Normalisierungen, daß J_s und $\tilde{J}_s$ durch Abänderung der Eigenwerte mod $\frac{1}{\nu}$ gleich gemacht werden können.

c) Beweis des Äquivalenzsatzes für Paare:

α) Seien (A,H) und $(\tilde{A},\tilde{H})$ äquivalent mittels einer ν-meromorphen Transformation T; dann ist T eindeutig bestimmt durch $T = H\tilde{H}^{-1}$. Aus $T(z\,e^{2\nu\pi i}) = T(z)$ folgt $e^{2\nu\pi iL} = e^{2\nu\pi i\tilde{L}}$, und da $[A]$ und $[\tilde{A}]$ mittels T formal wurzelmeromorph äquivalent sind, folgt weiter $Q = \tilde{Q}$.

Mit den Normallösungen $\tilde{X}_\nu$ zu $(\tilde{A},\tilde{H})$ definieren wir für alle ν (im Falle $\ell = 1$ nur für $\nu = 0$):

$$X_\nu = T\,\tilde{X}_\nu \; .$$

Dann sind die X_ν Fundamentallösungen von $[A]$ und

$$X_\nu \cong H = T\,\tilde{H} \quad \text{in} \quad S_\nu \; ,$$

außerdem für $\ell = \tilde{\ell} \geq 2$

$$V_\nu = X_\nu^{-1} X_{\nu-1} = \tilde{X}_\nu^{-1} \tilde{X}_{\nu-1} = \tilde{V}_\nu .$$

Daher ist $V_\nu \in \mathcal{U}(\varsigma_\nu)$, und somit müssen die X_ν die Normallösungen zu (A,H) sein, womit eine Richtung des Beweises einschließlich der im Äqivalenzfall gemachten Aussagen gezeigt ist.

β) Umgekehrt gelte (4), und X_ν bzw. $\tilde{X}_\nu$ seien die Normallösungen zu (A,H) bzw. $(\tilde{A},\tilde{H})$. Wir setzen

$$T_\nu = X_\nu \tilde{X}_\nu^{-1} \quad \text{in} \quad S_\nu \quad \text{für } \nu = 0,\dots,m\text{v} .$$

Dann folgt für $\ell \geq 2$ wegen $V_\nu = \tilde{V}_\nu$:

$$T_{\nu-1} = X_{\nu-1} \tilde{X}_{\nu-1}^{-1} = X_\nu V_\nu \tilde{V}_\nu^{-1} \tilde{X}_\nu^{-1} = T_\nu$$

für $\nu = 1,\dots,m\text{v}$. Also ist T_ν die analytische Fortsetzung von T_0 in den Sektor S_ν . Wegen $e^{2\text{v}\pi iL} = e^{2\text{v}\pi i\tilde{L}}$ und

$$X_{m\text{v}}(z) = X_{(m-1)\text{v}}(z\, e^{-2\pi i})\, e^{2\pi iL} = \dots$$

$$= X_0(z\, e^{-2\text{v}\pi i})\, e^{2\text{v}\pi iL} ,$$

sowie

$$\tilde{X}_{m\text{v}}(z) = \tilde{X}_0(z\, e^{-2\text{v}\pi i})\, e^{2\text{v}\pi i\tilde{L}}$$

folgt (auch im Falle $\ell = 1$)

$$T_{m\text{v}}(z) = X_0(z\, e^{-2\text{v}\pi i})\, e^{2\text{v}\pi iL}\, e^{-2\text{v}\pi i\tilde{L}}\, \tilde{X}_0^{-1}(z\, e^{-2\text{v}\pi i})$$

$$= T_0(z\, e^{-2\text{v}\pi i}) \quad \text{in} \quad S_{m\text{v}} .$$

Daher ist $T(z) = T_o(z)$ eine eindeutige Funktion auf der Riemann'schen Fläche von $z^{\frac{1}{v}}$. In S_ν gilt außerdem

$$T = T_\nu = [\Psi]_{S_\nu} \; e^{Q} \; e^{-\tilde{Q}} \; [\tilde{\Psi}^{-1}]_{S_\nu} \cong \Psi \tilde{\Psi}^{-1}$$

für $\nu = 0,\ldots,mv-1$. Wegen der daraus folgenden Wachstumsbeschränkung muß T eine v-meromorphe Transformation sein mit $\Psi \tilde{\Psi}^{-1}$ als Laurententwicklung in $z^{-\frac{1}{v}}$. Daher gilt (5), und (A,H) ist v-meromorph äquivalent zu $(\tilde{A},\tilde{H})$.

d) <u>Zahl der Parameter im Verbindungssystem:</u>

Aus Satz VII und den anschließenden Bemerkungen ergibt sich, daß bei $v = 1$ das Verbindungssystem $V = (V_1,\ldots,V_m)$ eine eigentliche Invariante für Paare ist (vgl. auch Abschnitt 12a). Wir wollen zum Schluß dieses Abschnitts feststellen, wie groß die Zahl f der Freiheitsgrade in einem Verbindungssystem ist, das bei einer festen formalen meromorphen Invarianten G_m auftreten kann. Durch Zählung der Einzelpositionen im Träger aller Matrizen V_ν $(\nu = 1,\ldots,m)$ ergibt sich unmittelbar

$$f = \sum_{\nu=1}^{m} \; \sum_{(i,j)\in \mathcal{S}_\nu} s_i \, s_j \;;$$

dabei ist $s_i \times s_j$ die Dimension des zu (i,j) gehörigen Blocks. Für festes ν gibt die innere Summe den Beitrag derjenigen (i,j) an, die zu τ_ν gehören; da $R^{-k} \mathcal{S}_\nu R^k = \mathcal{S}_{\nu+mk}$ gilt (vgl. (5) in Abschnitt 6), ist dies gleich der Zahl der Freiheitsgrade, die zu $\mathfrak{g}_{\nu+mk}$ gehören. Daher gilt

$$f = \sum_{\nu=mk+1}^{m(k+1)} \sum_{(i,j)\in \mathfrak{g}_\nu} s_i s_j ,$$

also

$$p f = \sum_{\nu=1}^{m p} \sum_{(i,j)\in \mathfrak{g}_\nu} s_i s_j .$$

Nach p Blättern wiederholen sich die Positionsmengen $\mathfrak{g}_\nu$, und wir können leicht für ein Paar $i \neq j$ die Zahl der Führungswechsel in p aufeinanderfolgenden Blättern feststellen:

Wegen $d(i,j) = \frac{1}{p} h(i,j)$ für eine natürliche Zahl $h = h(i,j)$ ist $\frac{2\pi}{d(i,j)} = \frac{2p\pi}{h(i,j)}$; da aber die Führung von i auf j wechselt an allen Richtungen τ mit

$$\tau \equiv \gamma(i,j) \mod \frac{2\pi}{d(i,j)} ,$$

ist die Anzahl solcher Führungswechsel in p aufeinanderfolgenden Blättern gerade $h(i,j)$. Also liegt ein Paar $i \neq j$ in genau $h(i,j)$ verschiedenen Positionsmengen $\mathfrak{g}_\nu$ mit $1 \leq \nu \leq p\,m$, und daher ist

$$p f = \sum_{i \neq j} h(i,j)\, s_i s_j ,$$

oder

(7) $$f = \sum_{i \neq j} d(i,j)\, s_i s_j .$$

Die Anzahl der freien Parameter in V ist durch (7) explizit bestimmt und hängt nur von Q ab.

12. Die eigentlichen Invarianten

a) Die Invarianten für Paare:

Wir wollen für die verschiedenartigen Äquivalenzbegriffe von Paaren vollständige Invariantensysteme aufstellen, wobei wir die formalen Lösungen H und $\widetilde{H}$ als normalisiert annehmen wollen, entsprechend dem gerade betrachteten Äquivalenzbegriff. Um eine einheitliche Formulierung zu geben, soll das Symbol $*$ stehen für jeden der Indizes w, v, m, a,b ; dabei sind w, m, a, b Buchstaben mit der Bedeutung wurzelmeromorph bzw. meromorph bzw. analytisch bzw. Birkhoff'sch und v ist eine beliebige, durch p teilbare natürliche Zahl mit der Bedeutung von v-meromorph. Mit G_* bezeichnen wir jeweils die formale Invariante des betrachteten Typs; insbesondere sei $G_w = z^{\dot{J}} e^{Q(z)}$, $G_v = z^{J^{(v)}} e^{Q(z)}$ mit einer Matrix $J^{(v)}$, die aus J' entsteht durch Abändern der Eigenwerte auf Repräsentanten mod $\frac{1}{v}$ und nachfolgende a-priori - Anordnung der Blöcke in J_s.

Unter $H_* = F_* G_*$ verstehen wir jeweils eine formale Lösung, wobei G_* die entsprechende formale Invariante und F_* eine formale Reihe des entsprechenden Typs ist. Mit diesen Bezeichnungen gilt das folgende

Korollar. *Es ist (A,H_*) $*$-äquivalent zu $(\widetilde{A},\widetilde{H}_*)$ genau, wenn*

(1) $$G_* = \widetilde{G}_* , \quad V_\nu = \widetilde{V}_\nu \quad \text{für alle } \nu .$$

Im Äquivalenzfall ist $T = H_* \widetilde{H}_*^{-1} = F_* \widetilde{F}_*^{-1}$ die eindeutig bestimmte Transformation, und es gilt für die Normallösungen X_ν bzw. $\widetilde{X}_\nu$

(2) $$X_\nu = T \widetilde{X}_\nu .$$

<u>Beweis</u>. α) Seien (A,H_*) und $(\tilde{A},\tilde{H}_*)$ mittels T $*$-äquivalent. Dann gilt nach Definition $H_* = T\,\tilde{H}_*$, und in den Fällen w, m, a, b folgt aus der formalen Theorie $G_* = \tilde{G}_*$. Im Falle v folgt $Q = \tilde{Q}$ nach Satz VII. Aus $H_* = T\,\tilde{H}_*$ folgt daher, daß $z^{J^{(v)}}\ z^{-\tilde{J}^{(v)}}$ eindeutig auf der Riemann'schen Fläche von $z^{\frac{1}{v}}$ ist, also $t^{vJ^{(v)}}\ t^{-v\tilde{J}^{(v)}}$ eindeutig in der t-Ebene.

Wegen $e^{2v\pi iJ^{(v)}} = e^{2v\pi i\tilde{J}^{(v)}}$ folgt auf Grund der Wahl der Eigenwerte $J^{(v)} = \tilde{J}^{(v)}$, also insgesamt $G_v = \tilde{G}_v$.

In allen Fällen folgt aus Satz VII die Gleichheit der Verbindungsmatrizen und (2).

β) Umgekehrt gelte (1). Wir setzen $T = H_*\,\tilde{H}_*^{-1}$. Dann ist wegen $G_* = \tilde{G}_*$ die Transformation T jedenfalls eine formale Transformation vom Typ $*$. Daraus folgt, daß $e^{2v\pi iL} = e^{2v\pi i\tilde{L}}$ gilt für ein passendes v (in den Fällen m, a, b kann $v = 1$ gesetzt werden). Daraus schließt man mit Satz VII die Konvergenz von T , also die eigentliche Äquivalenz von (A,H_*) und $(\tilde{A},\tilde{H}_*)$.

Wir merken noch an, daß in den Fällen m, a, b in (1) die Gleichheit von V_ν und $\tilde{V}_\nu$ nur für $\nu = 1,\dots,m$, im Fall v nur für $\nu = 1,\dots,vm$ verlangt zu werden braucht. Die formale Invariante G_* bildet zusammen mit dem System (V_ν) aller normalisierten Verbindungsmatrizen ein vollständiges Invariantensystem für die entsprechende Äquivalenz von Paaren (A,H_*).

b) Der Äquivalenzsatz für Dgln:

Wir sprechen von ν-meromorpher Äquivalenz von [A] und $[\tilde{A}]$, wenn es eine ν-meromorphe Transformation T gibt, die [A] in $[\tilde{A}]$ überführt. Zu [A] und $[\tilde{A}]$ suchen wir zwei beliebige, aber feste formale Lösungen $H = \Psi e^{Q}$ bzw. $\tilde{H} = \tilde{\Psi} e^{\tilde{Q}}$ mit normalisiertem Q und $\tilde{Q}$ aus. Dann gilt für beliebiges natürliches ν

Satz VIII. Zwei meromorphe Dgln [A] und $[\tilde{A}]$ sind ν-meromorph äquivalent genau, wenn

(3) $Q = \tilde{Q}$, $D^{-1} e^{2\nu\pi i L} D = e^{2\nu\pi i \tilde{L}}$, $D^{-1} V_{\nu} D = \tilde{V}_{\nu}$ für alle ν

mit einer passenden konstanten invertierbaren Matrix D, die diagonal geblockt ist entsprechend zu $Q = \tilde{Q}$.

Im Äquivalenzfall sind alle möglichen ν-meromorphen Transformationen T gegeben durch

(4) $$T = H D \tilde{H}^{-1} = \Psi D \tilde{\Psi}^{-1} ,$$

wobei D die konstanten, invertierbaren, diagonal geblockten Matrizen durchläuft, die (3) erfüllen. Für die Normallösungen gilt dann jeweils

(5) $$X_{\nu} D = T \tilde{X}_{\nu} .$$

Bemerkung. Wie in Satz VII genügt es auch hier, $D^{-1} V_{\nu} D = \tilde{V}_{\nu}$ nur zu fordern für alle $\nu = 1,\ldots,m\nu$. Außerdem sind die Matrizen D im Satz VIII genau die Matrizen, für die H D wieder vom gleichen Typ wie H ist; also beschreibt D genau den Freiheitsgrad bei der Wahl der formalen Lösung H, und dementsprechend sind $D^{-1} V_{\nu} D$ gerade alle möglichen Verbindungsmatrizen.

Wir beweisen Satz VIII zusammen mit dem nächsten Satz, der eine Charakterisierung aller betrachteten Äquivalenzbegriffe für meromorphe Dgln durch Invarianten enthält. Wir können dies tun, da beide Sätze sich in analoger Weise auf Satz VII bzw. das in 12a) formulierte Korollar stützen.

c) Die Invarianten für Dgln:

Wie in 12a) bezeichne $H_* = F_* \, G_*$ eine formale Lösung einer meromorphen Dgl [A] mit der formalen Invariante G_* und der entsprechend gewählten formalen Reihe F_* . Dabei ist H_* bestimmt bis auf invertierbare Rechtsfaktoren D mit

$$G_*(z)\; D = D_*(z)\; G_*(z) \;,$$

wobei $D_*(z)$ eine Transformation vom $*$-Typ ist (genauer gilt $D_*(z) = D$ für die Fälle w, v, m). Die Gruppe dieser Matrizen nennen wir auch in den Fällen w und v die G_*-zulässigen Matrizen und bezeichnen sie mit $\mathfrak{G}_*$.

Zu [A] und $[\tilde{A}]$ denken wir uns eine solche formale Lösung H_* bzw. $\tilde{H}_*$ fest, aber beliebig gewählt und bezeichnen mit X_ν , V_ν bzw. $\tilde{X}_\nu$, $\tilde{V}_\nu$ jeweils die zugehörigen Normallösungen und die normalisierten Verbindungsmatrizen. Dann gilt (beachte die Voraussetzung $p|v$, falls $* = v$ ist)

Satz VIII'. Zwei meromorphe Dgln [A] und $[\tilde{A}]$ sind $*$-äquivalent genau, wenn

$$(6) \qquad G_* = \tilde{G}_* \;,\; D^{-1}\, V_\nu\, D = \tilde{V}_\nu$$

für alle ν und ein passendes $D \in \mathcal{G}_*$ gilt.
Im Äquivalenzfall sind alle möglichen Transformationen T des Typs $*$ gegeben durch

$$(7) \qquad T(z) = H_*(z)\, D\, \tilde{H}_*^{-1}(z) = F_*(z)\, D_*(z)\, \tilde{F}_*^{-1}(z) \quad ,$$

wobei D jeweils die in (6) möglichen Matrizen aus $\mathcal{G}_*$ durchläuft. Für die Normallösungen gilt dann jeweils

$$(8) \qquad X_\nu D = T \tilde{X}_\nu \quad .$$

Bemerkungen. (i) Die Einschränkung der Matrizen D auf solche, für die (6) gilt, bewirkt offenbar, daß die zugehörige Transformation T konvergiert; vgl. dazu die Sätze II, II', III und III' und die daran anschließenden Bemerkungen.

(ii) Die Systeme $(D^{-1} V_\nu D)_{-\infty < \nu < \infty}$ bilden eine Ähnlichkeitsklasse $\langle V \rangle_{\mathcal{G}_*}$, wenn D die Gruppe $\mathcal{G}_*$ durchläuft. Diese Ähnlichkeitsklasse ist die eigentliche Invariante. Sie hängt nicht von der Wahl von H_* ab, denn geht man alle möglichen H_* durch, so durchläuft (V_ν) gerade die volle Ähnlichkeitsklasse. Die Bedingung (6) ist somit äquivalent zu

$$G_* = \tilde{G}_* \ , \quad \langle V \rangle_{\mathcal{G}_*} = \langle \tilde{V} \rangle_{\mathcal{G}_*} \quad .$$

Daher bildet das Paar G_*, $\langle V \rangle_{\mathcal{G}_*}$ ein vollständiges Invariantensystem für die eigentliche $*$-Äquivalenz.

(iii) Offen bleibt das Problem, einen natürlichen Repräsentanten für die zu [A] gehörige jeweilige Äquivalenzklasse zu finden, also eine Normalform, die die entsprechende Singularität charakterisiert.

d) Beweise der Sätze VIII und VIII':

α) Seien [A] und [$\tilde{A}$] äquivalent wie in Satz VIII bzw. VIII' mittels einer Transformation T . Wir bezeichnen die gewählten formalen Lösungen einheitlich mit H bzw. $\tilde{H}$. Dann gilt

(9) $$H\,D = T\,\tilde{H}$$

mit einer geeigneten konstanten invertierbaren Matrix D. Nach der formalen Theorie ist D von der in Satz VIII bzw. VIII' beschriebenen Art (gilt auch im Falle $*$ = v). Folglich ist H D eine formale Lösung von der in Satz VII bzw. im Korollar in 12a) zulässigen Form. Die Paare (A, H D) und ($\tilde{A}$,$\tilde{H}$) sind außerdem im betrachteten Sinne äquivalent, und somit folgt (3) und (5) von Satz VIII aus Satz VII, sowie (6) und (8) von Satz VIII' aus dem Korollar in 12a (man beachte dabei, daß $D^{-1}\,e^{2\pi iL}\,D$ der formale Umlaufsfaktor von H D ist). Dies zeigt die notwendigen Teile der Sätze.

β) Umgekehrt gelte (3) bzw. (6), und wir definieren T durch (4) bzw. (7). Dann sind die Paare (A,H D) und ($\tilde{A}$,$\tilde{H}$) nach Satz VII bzw. dem Korollar in 12a im betrachteten Sinne äquivalent mittels dieser Transformation T. Dabei ist zu beachten, daß H D von der jeweils zugelassenen Form ist.

13. Dreieckig geblockte Dgln

Wir nennen eine meromorphe Dgl reduzibel, wenn es eine analytische oder meromorphe Transformation T gibt, die sie in eine Dgl [A] überführt, wobei A dreieckig geblockt ist, also etwa

$$(1) \qquad A = \begin{bmatrix} A_{11} & 0 \\ A_{21} & A_{22} \end{bmatrix} ,$$

mit quadratischen Diagonalblöcken A_{jj} der Dimension $n_j \times n_j$, $n_j \geq 1$ $(n_1 + n_2 = n)$. Dabei ist die Beschränkung auf untere Blockdreiecksform ohne Bedeutung, da eine obere Blockdreiecksmatrix stets durch eine Permutation auf untere Blockdreiecksform gebracht werden kann. Wir nennen (n_1 , n_2) den Typ der Reduzibilität. Wir zeigen zunächst, daß wir nicht zwischen analytischer und meromorpher Reduzibilität zu unterscheiden brauchen:

Bemerkung. Wenn eine Dgl mittels einer meromorphen Transformation T_m reduzibel ist, so ist sie es auch mittels einer analytischen Transformation T_a , und zwar jeweils vom gleichen Typ (n_1 , n_2).

Beweis. Wir faktorisieren T_m in der Form (vgl. 5a)

$$T_m = T_a \; P(z) \; z^K \quad ;$$

dabei ist $P(z) \; z^K$ eine meromorphe Transformation in unterer

Dreiecksgestalt. Wenn aber T_m die Dgl in Blockdreiecksgestalt vom Typ (n_1 , n_2) überführt, so läßt die Transformation $(P(z)\, z^K)^{-1}$ diese Gestalt bestehen. Beide Transformationen zusammen entsprechen aber der analytischen Transformation T_a , so daß bereits T_a die Ausgangsdgl auf Blockdreiecksgestalt bringt.

Es ist unmittelbar klar, daß die Frage der Reduzibilität einer Dgl nur von der zugehörigen meromorphen Äquivalenzklasse, also nur von den meromorphen Invarianten abhängen kann. Daher ist zunächst zu klären, welche speziellen Eigenschaften die Invarianten dreieckig geblockter Dgln haben.

Sei [A] entsprechend (1) dreieckig geblockt. Wir blocken alle Lösungen $X = \begin{bmatrix} X_{11} & X_{12} \\ X_{21} & X_{22} \end{bmatrix}$ in derselben Weise. Es existieren Lösungen X von [A] mit $X_{12} = 0$. Dabei darf X_{ii} eine beliebige Fundamentallösung von $[A_{ii}]$ sein. Für X_{21} ergibt sich dann eine Dgl

$$X'_{21} = A_{21}\, X_{11} + A_{22}\, X_{21} \quad ,$$

was eine inhomogene Dgl mit der Koeffizientenmatrix A_{22} und der Inhomogenität $A_{21}\, X_{11}$ ist. Mit dem üblichen Ansatz findet man

$$X_{21} = X_{22} \int X_{22}^{-1}(z) \;\; A_{21}(z)\; X_{11}(z)\; dz \;;$$

dabei sei das Integral als Stammfunktion des Integranden auf der Riemann'schen Fläche des Logarithmus verstanden; dort ist die

Existenz garantiert, und die Stammfunktion ist bestimmt bis auf eine additive, konstante Matrix der Dimension eines (2,1) Blocks.

a) Integration formaler Ausdrücke:

Es soll gezeigt werden, daß in entsprechender Weise wie oben auch eine dreieckig geblockte formale Lösung gefunden werden kann. Dazu benötigen wir die folgende

Proposition. Zu einem beliebigen formalen logarithmischen Ausdruck $\psi(z)$ und zu einem beliebigen Polynom (ohne konstantes Glied) $q(z)$ in einer Wurzel $z^{\frac{1}{p}}$ existiert ein formal logarithmischer Ausdruck $\tilde{\psi}(z)$, so daß im formalen Sinne $\tilde{\psi}(z)\, e^{q(z)}$ eine Stammfunktion zu $\psi(z)\, e^{q(z)}$ ist. Dabei ist $\tilde{\psi}(z)$ eindeutig bestimmt, wenn wir im Falle $q(z) \equiv 0$ fordern, daß $\tilde{\psi}$ keine additive Konstante enthalten soll.

Beweis. α) Sei $q(z) \equiv 0$. Für beliebiges λ und für jedes ganze $k \geq 0$ hat $z^{\lambda} \log^k z$ einen logarithmischen Ausdruck als Stammfunktion, denn für $\lambda = -1$ ist

$$\int z^{-1} \log^k z \; dz = \frac{1}{k+1} \log^{k+1} z \; ,$$

und andernfalls kann wegen

$$\int z^{\lambda} \log^k z \; dz = \frac{z^{\lambda+1}}{\lambda+1} \log^k z - \frac{k}{\lambda+1} \int z^{\lambda} \log^{k-1} z \; dz$$

induktiv gezeigt werden:

$$\int z^{\lambda} \log^k z \; dz = \sum_{\nu=0}^{k} (-1)^{\nu} \, \nu! \binom{k}{\nu} \frac{z^{\lambda+1}}{(\lambda+1)^{\nu+1}} \log^{k-\nu} z \; .$$

Insbesondere ist die Stammfunktion jeweils eindeutig festgelegt durch die Forderung, daß kein konstantes Glied auftreten soll. Ein allgemeiner formaler logarithmischer Ausdruck ψ ist eine endliche Summe von Ausdrücken der Form

$$\left(\sum_{\nu=0}^{\infty} a_\nu \; z^{\lambda+\nu} \right) \log^k z \;,$$

woraus durch gliedweises Integrieren die Existenz einer Stammfunktion zu ψ folgt, die eindeutig bestimmt ist durch die Forderung, kein konstantes Glied zu enthalten.

β) Sei nun $q(z) \not\equiv 0$. Jeder Ausdruck der Form $\psi(z)\, e^{q(z)}$ mit den Bezeichnungen der Proposition ist eine endliche Summe von Ausdrücken der Form

$$(2) \qquad \varphi(z)\, z^{\lambda}\, e^{q(z)} \;,$$

mit λ beliebig komplex, $\varphi(z) = \sum_{\nu=0}^{k} \varphi_\nu(z) \log^\nu z$, $\varphi_\nu(z)$ formale Potenzreihen in $z^{-\frac{1}{p}}$, falls $q(z) = \sum_{\nu=1}^{h} b_\nu\, z^{\frac{\nu}{p}}$, $h \geq 1$ ganz, $b_h \neq 0$. Wir zeigen genauer, daß (2) eine Stammfunktion der Form

$$\int \varphi(z)\, z^{\lambda}\, e^{q(z)}\, dz \;=\; \chi(z)\, z^{\lambda+1-\frac{h}{p}}\, e^{q(z)}$$

besitzt, mit $\chi(z)$ vom gleichen Typ wie $\varphi(z)$. Durch formale partielle Integration findet man

$$\int \varphi(z)\, z^{\lambda}\, e^{q(z)}\, dz = \int \frac{\varphi(z)\, z^{\lambda}}{q'(z)}\, q'(z)\, e^{q(z)}\, dz$$

$$= \frac{\varphi(z)\, z^{\lambda}}{q'(z)}\, e^{q(z)} - \int \left(\frac{\varphi(z)\, z^{\lambda}}{q'(z)}\right)' e^{q(z)}\, dz$$

$$= \psi(z)\, z^{\lambda+1-\frac{h}{p}}\, e^{q(z)} - \int \tilde{\varphi}(z)\, z^{\lambda-\frac{h}{p}}\, e^{q(z)}\, dz\,;$$

dabei sind ψ und $\tilde{\varphi}$ vom gleichen Typ wie φ in der gleichen Wurzel $z^{-\frac{1}{p}}$ mit höchstens denselben Logarithmus-Potenzen. Das bedeutet genaugenommen, daß

$$\varphi(z)\, z^{\lambda}\, e^{q(z)} = [\,\psi(z)\, z^{\lambda+1-\frac{h}{p}}\, e^{q(z)}\,]' - \tilde{\varphi}(z)\, z^{\lambda-\frac{h}{p}}\, e^{q(z)}$$

gilt. Durch Iteration dieser Formel ergibt sich

$$\varphi(z)\, z^{\lambda}\, e^{q(z)} = \left[\sum_{\nu=1}^{\mu} \psi_{\nu}(z)\, z^{\lambda+1-\nu\frac{h}{p}}\, e^{q(z)}\right]' - \tilde{\varphi}_{\mu}(z)\, z^{\lambda-\mu\frac{h}{p}}\, e^{q(z)},$$

und die Ausdrücke ψ_{ν} und $\tilde{\varphi}_{\mu}$ sind vom gleichen Typ wie $\varphi(z)$. Insbesondere ist $\psi_{\nu}(z) = \sum_{j=0}^{k} \psi_{\nu j}(z) \log^j z$ mit formalen Potenzreihen $\psi_{\nu j}(z)$. Daher ergibt sich für den ausintegrierten Teil

$$\sum_{\nu=1}^{\mu} \psi_{\nu}(z)\, z^{\lambda+1-\nu\frac{h}{p}}\, e^{q(z)} = z^{\lambda+1-\frac{h}{p}}\, e^{q(z)} \sum_{j=0}^{k} \log^j z \sum_{\nu=1}^{\mu} \psi_{\nu j}(z)\, z^{-(\nu-1)\frac{h}{p}}.$$

Betrachtet man in der inneren Summe eine feste, aber beliebige Potenz von $z^{-\frac{1}{p}}$, so bleibt deren Koeffizient für alle genügend großen Werte von μ ungeändert. Es gibt also einen Ausdruck

$$\chi(z) = \sum_{j=0}^{k} \chi_j(z) \log^j z \ , \quad \chi_j \text{ formale Potenzreihen in } z^{-\frac{1}{p}} \ ,$$

so daß eine beliebige endliche Anzahl von Gliedern der χ_j mit den entsprechenden Gliedern des ausintegrierten Bestandteils übereinstimmt, wenn nur μ genügend groß ist. Es gilt nun

$$\varphi(z)\, z^{\lambda}\, e^{q(z)} = \left[\chi(z)\, z^{\lambda+1-\frac{h}{p}}\, e^{\,q(z)}\right]' \ ,$$

da in $\tilde{\varphi}_{\mu}(z)\, z^{\lambda-\mu\frac{h}{p}}\, e^{q(z)} = z^{\lambda+1-\frac{h}{p}}\, e^{q(z)} \sum_{j=0}^{k} \log^j z\, \tilde{\varphi}_{\mu j}(z)\, z^{-1-(\mu-1)\frac{h}{p}}$

die Koeffizienten von $\log^j z$ mit beliebig späten Potenzen von $z^{-\frac{1}{p}}$ beginnen.

b) Dreieckig geblockte asymptotische Lösungen:

Sei $[A]$ entsprechend zu (1) dreieckig geblockt und seien $H_{ii} = \Psi_{ii}\, e^{Q_i}$ formale Lösungen von $[A_{ii}]$ $(i=1,2)$; dabei spielt es keine Rolle, ob Q_1 , Q_2 normalisiert sind oder nicht. Analog zur Rechnung am Anfang des Abschnitts 13 setzen wir

$$(3)\quad \begin{cases} H_{12}(z) = 0 \ , \\ H_{21}(z) = \Psi_{22}(z)\, e^{Q_2(z)} \displaystyle\int e^{-Q_2(z)}\, \Psi_{22}^{-1}(z)\, A_{21}(z)\, \Psi_{11}(z)\, e^{Q_1(z)}\, dz \ . \end{cases}$$

Dabei ist ein beliebiges Matrixelement des Integranden von der Form $\psi_{jk}\, e^{q_k^{(1)}(z)-q_j^{(2)}(z)}$ mit einem formalen logarithmischen Ausdruck ψ_{jk} und $q_k^{(1)}$ bzw. $q_j^{(2)}$ gleich einem der Elemente von Q_1 bzw.

Q_2 ; daher existiert nach der Proposition in a) eine eindeutig bestimmte Stammfunktion der Form $\tilde{\varphi}_{jk}(z)\, e^{q_k^{(1)}(z)-q_j^{(2)}(z)}$. Daher ist (3) wohldefiniert, und es gilt

$$H_{21}(z) = \Psi_{22}(z)\, e^{Q_2(z)}\, e^{-Q_2(z)}\, \tilde{\Psi}_{21}(z)\, e^{Q_1(z)}$$

$$= \Psi_{21}(z)\, e^{Q_1(z)} .$$

Mit $\hat{Q} = \operatorname{diag}[Q_1 , Q_2]$ erhalten wir

$$\hat{H} = \begin{bmatrix} H_{11} & 0 \\ H_{21} & H_{22} \end{bmatrix} = \hat{\Psi}\, e^{\hat{Q}} , \quad \hat{\Psi} = \begin{bmatrix} \Psi_{11} & 0 \\ \Psi_{21} & \Psi_{22} \end{bmatrix} ,$$

und nach Konstruktion ist $\hat{H}$ eine formale Lösung von [A]. <u>Wir haben also die Existenz einer dreieckig geblockten formalen Lösung der Form $\hat{H} = \hat{\Psi}\, e^{\hat{Q}}$ gezeigt</u>. Wir wählen nun <u>irgendeine</u> dreieckig geblockte formale Lösung der Form $\hat{H} = \hat{\Psi} e^{\hat{Q}}$ (vgl. den Anfang von 11), und wir betrachten für ein beliebiges, aber festes ν den Sektor S_ν zu $\hat{Q}$. Da alle Stokes'schen Richtungen zu $[A_{11}]$ bzw. $[A_{22}]$ auch solche zu [A] sind, ist S_ν jedenfalls asymptotischer Sektor zu $[A_{11}]$ und $[A_{22}]$. Wählen wir X_{ii} als irgendwelche Lösungen von $[A_{ii}]$ mit $X_{ii} \cong H_{ii}$ in S_ν und setzen

$$(3')\qquad \begin{cases} X_{12} = 0 \\ X_{21}(z) = X_{22}(z) \int X_{22}^{-1}(z)\, A_{21}(z)\, X_{11}(z)\, dz , \end{cases}$$

so ist bei beliebiger Wahl der Integrationskonstanten

$$X = \begin{bmatrix} X_{11} & 0 \\ X_{21} & X_{22} \end{bmatrix}$$

eine Fundamentallösung von [A]. Daß man (wenigstens) eine Wahl der Integrationskonstanten treffen kann, so daß

$$X \cong \hat{H} \quad \text{in} \quad S_\nu$$

gilt, zeigt die folgende

Proposition. Unter den obigen Annahmen und Bezeichnungen ist bei geeigneter Festsetzung der Stammfunktion in (3')

$$X = \begin{bmatrix} X_{11} & 0 \\ X_{21} & X_{22} \end{bmatrix} \cong \hat{H} = \begin{bmatrix} \hat{\Psi}_{11} & 0 \\ \hat{\Psi}_{21} & \hat{\Psi}_{22} \end{bmatrix} e^{\hat{Q}} \quad \underline{\text{in}} \; S_\nu \; .$$

Bemerkung: Jede dreieckig geblockte formale Lösung der Form $\hat{H} = \hat{\Psi} e^{\hat{Q}}$ hat einen dreieckig geblockten Umlaufsfaktor $e^{2\pi i \hat{L}}$. Dazu läßt sich immer ein dreieckig geblockter Logarithmus $2\pi i \hat{L}$ finden (vgl. S. 4). Folglich ist $\hat{H}$ von der Form

$$\hat{H}(z) = \hat{F}_m(z) \; z^{\hat{L}} \; e^{\hat{Q}(z)}$$

mit einer dreieckig geblockten formalen meromorphen Transformation $\hat{F}_m$.

Beweis. Da S_ν jedenfalls auch asymptotischer Sektor zu [A] ist, gibt es eine konstante, invertierbare Matrix C, so daß gilt:

$$(4) \qquad X\,C \cong \hat{H} \text{ in } S_\nu .$$

Wir blocken $C = \begin{bmatrix} C_{11} & C_{12} \\ C_{21} & C_{22} \end{bmatrix}$ analog zu $\hat{H}$ und X . Berechnet man das Produkt X C , so findet man

$$X_{11}\,C_{11} \cong H_{11} \text{ in } S_\nu ,$$

also (da auch $X_{11} \cong H_{11}$ in S_ν):

$$e^{Q_1}\,C_{11}\,e^{-Q_1} \cong I \text{ in } S_\nu .$$

Daher muß C_{11} invertierbar und die Matrix diag $[C_{11}^{-1}, I]$ eine Übergangsmatrix für den Sektor S_ν sein. Also bleibt (4) richtig, wenn C durch C diag $[C_{11}^{-1}, I]$ ersetzt wird. Folglich gibt es eine konstante, invertierbare Matrix C der Form

$$C = \begin{bmatrix} I & C_{12} \\ C_{21} & C_{22} \end{bmatrix} ,$$

so daß (4) gilt.

Berechnet man für ein solches C die (1,2)-Position des Produkts X C , so folgt

$$X_{11}\,C_{12} = [0]_{S_\nu}\,e^{Q_2} ,$$

und wegen $X_{11} = [\Psi_{11}]_{S_\nu}\,e^{Q_1}$ folgt weiter

$$e^{Q_1} C_{12} e^{-Q_2} \cong 0 \text{ in } S_\nu .$$

Daher ist auch $\begin{bmatrix} I & -C_{12} \\ 0 & I \end{bmatrix}$ eine Übergangsmatrix für S_ν und

$$X\, C \begin{bmatrix} I & -C_{12} \\ 0 & I \end{bmatrix} \cong H \text{ in } S_\nu .$$

Also existiert insbesondere eine Matrix C der Form

$$C = \begin{bmatrix} I & 0 \\ C_{21} & C_{22} \end{bmatrix} ,$$

so daß (4) gilt.

Betrachtet man schließlich die (2,2)-Position von X C für ein solches C , so folgt

$$X_{22}\, C_{22} \cong H_{22} \text{ in } S_\nu ,$$

und ganz analog wie oben kann C zu $C = \begin{bmatrix} I & 0 \\ C_{21} & I \end{bmatrix}$ abgeändert werden, ohne die Gültigkeit von (4) zu verletzen. Daher ist für passendes C_{21}

$$\begin{bmatrix} X_{11} & 0 \\ X_{21} + X_{22}\, C_{21} & X_{22} \end{bmatrix} \cong \hat{H} \text{ in } S_\nu ;$$

die Wahl eines C_{21} entspricht aber genau dem Wechsel der Stammfunktion in (3').

c) Dreieckig geblockte Normallösungen:

Im vorigen Abschnitt wurde gezeigt, daß eine dreieckig geblockte Dgl [A] eine in gleicher Weise dreieckig geblockte formale Lösung der Form $\hat{H}$ besitzt. In jedem Sektor S_ν existiert außerdem eine dreieckig geblockte eigentliche Lösung mit $\hat{H}$ als Asymptotik. Wir wollen zeigen, daß damit auch die zu $\hat{H}$ gehörigen Normallösungen dreieckig geblockt sind. Dazu ist es bequem, statt der Mengen σ_ν und ρ_ν die Mengen σ'_ν bzw. ρ'_ν der Einzelpositionen zu betrachten, d.h. der Indexpaare (i',j') aller Matrixelemente in Blöcken mit Blockindizes (i,j), die zu σ_ν bzw. ρ_ν gehören. Für eine beliebige antisymmetrische und transitive Menge ρ' von Einzelpositionen sei $\mathcal{U}(\rho')$ die Menge der konstanten Matrizen C mit

$$\text{diag } C = I ,$$
$$\text{supp } C \subseteq \rho' ;$$

dabei bezeichnen diag C bzw. supp C in diesem Abschnitt die Diagonale bzw. den Träger von C im Sinne von Einzelpositionen. Dann ist $\mathcal{U}(\rho')$ eine Gruppe bezüglich der Matrixmultiplikation. Außerdem gilt (beachte, daß σ_ν' bzw. ρ_ν' antisymmetrisch und transitiv sind):

$$\mathcal{U}(\sigma'_\nu) = \mathcal{U}(\sigma_\nu) \;,\; \mathcal{U}(\rho'_\nu) = \mathcal{U}(\rho_\nu) \;.$$

Es gilt die folgende

Proposition. Sei $\ell \geq 2$ und [A] eine meromorphe Dgl mit formaler Lösung $H = \Psi e^Q$ (mit normalisiertem Q). Es gebe für alle ν Lösungen Y_ν und Verbindungsmatrizen $W_\nu = Y_\nu^{-1} Y_{\nu-1}$ mit

$$Y_\nu \cong H \quad \underline{\text{in}} \quad S_\nu \quad \underline{\text{und}} \ \text{supp}\, W_\nu \subseteq \sigma' \ ,$$

mit einer festen transitiven Menge σ' von Einzelpositionen. Dann gilt auch für alle zu H gehörigen normalisierten Verbindungsmatrizen V_ν

$$\text{supp}\, V_\nu \subseteq \sigma' \ .$$

Ist außerdem supp $Y_\nu \subseteq \sigma'$ für alle ν, so folgt auch für die zu H gehörigen Normallösungen supp $X_\nu \subseteq \sigma'$ für alle ν.

Beweis. Für ein festes μ sei $X_\mu = Y_\mu$ gesetzt. Wir nehmen an, daß wir schon Lösungen $X_{\mu}, \ldots, X_{\mu+\nu-1}$ konstruiert haben (für ein $\nu \geq 1$), so daß für $1 \leq \kappa \leq \nu - 1$ gilt:

$$(5) \qquad \begin{cases} X_{\mu+\kappa} \cong H \quad \text{in} \quad S_{\mu+\kappa} \ , \\ X^{-1}_{\mu+\kappa}\, X_{\mu+\kappa-1} = V_{\mu+\kappa} \in \mathcal{U}(\varrho'_{\mu+\kappa} \cap \sigma') \ , \\ Y^{-1}_{\mu+\kappa}\, X_{\mu+\kappa} = C_{\mu+\kappa} \in \mathcal{U}(\sigma'_{\mu+\kappa} \cap \sigma') \ . \end{cases}$$

Dabei ist zu beachten, daß $\varrho'_{\mu+\kappa} \cap \sigma'$ und $\sigma'_{\mu+\kappa} \cap \sigma'$ wieder antisymmetrisch und transitiv sind. Dann ist auf Grund unserer Annahmen für

$$\tilde{W}_{\mu+\nu} = Y^{-1}_{\mu+\nu}\ X_{\mu+\nu-1} = W_{\mu+\nu}\ C_{\mu+\nu-1}$$

jedenfalls supp $\tilde{W}_{\mu+\nu} \subseteq \sigma'$ erfüllt, weil σ' transitiv ist. Außerdem ist $\tilde{W}_{\mu+\nu}$ Übergangsmatrix für $S'_{\mu+\nu}$, also gilt:

$$\tilde{W}_{\mu+\nu} \in \mathcal{U}((\varsigma_{\mu+\nu} \cup \sigma'_{\mu+\nu}) \cap \sigma').$$

Aber die antisymmetrische, transitive Menge $(\varsigma'_{\mu+\nu} \cup \sigma'_{\mu+\nu}) \cap \sigma'$ ist Vereinigung der disjunkten Mengen $\sigma'_{\mu+\nu} \cap \sigma'$ und $\varsigma'_{\mu+\nu} \cap \sigma'$; daher folgt mit der Propostion in 7d) die eindeutige Zerlegung

$$\tilde{W}_{\mu+\nu} = C_{\mu+\nu} V_{\mu+\nu} , \; C_{\mu+\nu} \in \mathcal{U}(\sigma'_{\mu+\nu} \cap \sigma') , \; V_{\mu+\nu} \in \mathcal{U}(\varsigma'_{\mu+\nu} \cap \sigma') .$$

Wir setzen

$$X_{\mu+\nu} = Y_{\mu+\nu} C_{\mu+\nu} , \text{ also } X^{-1}_{\mu+\nu} X_{\mu+\nu-1} = V_{\mu+\nu} ,$$

und der Schritt von ν auf $\nu+1$ ist gezeigt.

Somit existiert eine Folge von Matrizen $X_{\mu+\nu}$ $(\nu \geq 0)$ mit

$$X_{\mu+\nu} \cong H \text{ in } S_{\mu+\nu} \text{ für } \nu \geq 0 ,$$

$$V_{\mu+\nu} = X^{-1}_{\mu+\nu} X_{\mu+\nu-1} \in \mathcal{U}(\varsigma'_{\mu+\nu} \cap \sigma') \text{ für } \nu \geq 1 .$$

Für eine passende, diagonal geblockte invertierbare Matrix D gilt $H = H_b D$, also

$$X_{\mu+\nu} D^{-1} \cong H_b \text{ in } S_{\mu+\nu} \text{ für } \nu \geq 0 ,$$

$$D V_{\mu+\nu} D^{-1} \in \mathcal{U}(\varsigma_{\mu+\nu}) \text{ für } \nu \geq 1 .$$

Daher sind nach dem Einzigkeitssatz für $\nu \geq \nu_0$ die Matrizen $X_{\mu+\nu} D^{-1}$ die Normallösungen zu H_b , also $X_{\mu+\nu}$ die Normallösungen zu H. Da μ beliebig war, folgt mit Hilfe der Eigenschaften (5) der Konstruktion die Behauptung.

d) Anwendung:

Korollar. Ist $\widehat{H} = \begin{bmatrix} \widehat{\Psi}_{11} & 0 \\ \widehat{\Psi}_{21} & \widehat{\Psi}_{22} \end{bmatrix} e^{\operatorname{diag}[\widehat{Q}_1 \, , \, \widehat{Q}_2]}$ eine dreieckig geblockte formale Lösung einer meromorphen Dgl [A], so sind auch alle Normallösungen $\widehat{X}_\nu$ zu $\widehat{H}$ dreieckig geblockt und infolgedessen sind auch alle zugehörigen Verbindungsmatrizen dreieckig geblockt.

Ist weiter $[A_{ii}]$ die zu dem i-ten Diagonalblock von A gehörige Dgl, so ist der i-te Diagonalblock von $\widehat{X}_\nu$ gleich der im Sektor S_ν (und eventuell darüber hinaus) relevanten Normallösung von $(A_{ii} \, , \, \widehat{\Psi}_{ii} \, e^{\widehat{Q}_i})$ und der entsprechende Block von $\widehat{V}_\nu$ gleich der zu τ_ν gehörigen Verbindungsmatrix zu diesem Paar, falls τ_ν eine Stokes'sche Richtung zu $[A_{ii}]$ ist. Im anderen Fall ist der i-te Diagonalblock von $\widehat{V}_\nu$ eine Einheitsmatrix, und dementsprechend ist der entsprechende Block von $\widehat{X}_\nu$ gleich der zu $(A_{ii} \, , \, \widehat{\Psi}_{ii} \, e^{\widehat{Q}_i})$ gehörigen Normallösung für die auf τ_ν folgende Stokes'sche Richtung von $[A_{ii}]$ bzw. gleich $\widehat{\Psi}_{ii} \, e^{\widehat{Q}_i}$, falls $[A_{ii}]$ überhaupt keine Stokes'schen Richtungen hat.

Beweis. Für $\ell = 1$ ist $\widehat{X}_0 = \widehat{H}$ die einzige Normallösung und sicher dreieckig geblockt. Sei daher jetzt $\ell \geq 2$. Sei $\widehat{\sigma}'$ die Menge der Einzelpositionen der Blöcke (1,1) , (2,1) und (2,2) in der Dreiecksstruktur von $\widehat{H}$. Dann ist $\widehat{\sigma}'$ eine transitive Menge. Für eine geeignete Permutationsmatrix $\widehat{R}$ ist $H = \widehat{R}\,\widehat{H}\,\widehat{R}^{-1}$ vom Typ $H = \Psi\, e^Q$ mit normalisiertem Q und logarithmischer Ableitung $\widehat{R}\, A\, \widehat{R}^{-1}$. Unter der zu $\widehat{R}^{-1}$ gehörigen Indexpermutation $\pi_{\widehat{R}^{-1}}$ geht

$\hat{\sigma}'$ über in eine transitive Menge σ' von Einzelpositionen.

Nach der Proposition in b) können wir dreieckig geblockte Lösungen $\hat{Y}_\nu$ von [A] finden mit

$$\hat{Y}_\nu \cong \hat{H} \quad \text{in} \quad S_\nu \ .$$

Die zugehörigen Verbindungsmatrizen $\hat{W}_\nu$ sind ebenfalls dreieckig, also supp $\hat{W}_\nu \subseteq \hat{\sigma}'$. Beim Übergang zu $Y_\nu = \hat{R}\,\hat{Y}_\nu\,\hat{R}^{-1}$ folgt $Y_\nu \cong H$ in S_ν und supp $W_\nu \subseteq \sigma'$, $W_\nu = \hat{R}\,W_\nu\,\hat{R}^{-1}$. Ebenso gilt supp $Y_\nu \subseteq \sigma'$. Nach der vorstehenden Proposition sehen wir dann, daß die Normallösungen X_ν zu $(\hat{R}\,A\,\hat{R}^{-1}\ ,\ H)$ derselben Trägereinschränkung genügen. Die Rücktransformation führt auf die Normallösungen $\hat{X}_\nu = \hat{R}^{-1}\,X_\nu\,\hat{R}$ zu $(A,\hat{H})$, und diese sind dann dreieckig geblockt.

Sei nun $\hat{X}_\nu = \begin{bmatrix} \hat{X}_{\nu 11} & 0 \\ \hat{X}_{\nu 21} & \hat{X}_{\nu 22} \end{bmatrix}$, $\hat{V}_\nu = \begin{bmatrix} \hat{V}_{\nu 11} & 0 \\ \hat{V}_{\nu 21} & \hat{V}_{\nu 22} \end{bmatrix}$ für alle ν .

Dann ist $\hat{X}_{\nu ii} \cong \hat{H}_{ii} = \hat{\Psi}_{ii}\, e^{\hat{Q}_i}$ in S_ν .

Weiter folgt aus

$$e^{\hat{Q}(z)}\,\hat{V}_\nu\, e^{-\hat{Q}(z)} \cong I \quad \text{in} \quad S_\nu' \ , \quad e^{-\hat{Q}(z)}\,\hat{V}_\nu\, e^{\hat{Q}(z)} \cong I \quad \text{in} \quad S_{\nu+1}'$$

(vgl. 11a), daß gilt:

$$e^{\hat{Q}_i(z)}\,\hat{V}_{\nu ii}\, e^{-\hat{Q}_i(z)} \cong I \ \text{in} \ S_\nu' \ , \ e^{-\hat{Q}_i(z)}\,\hat{V}_{\nu ii}\, e^{\hat{Q}_i(z)} \cong I \ \text{in} \ S_{\nu+1}' \ .$$

Ist τ_ν keine Stokes'sche Richtung zu $[A_{ii}]$, so gelten beide Asymptotiken sogar in $S_\nu' \cup S_{\nu+1}' = S_\nu$, woraus $\hat{V}_{\nu ii} = I$ folgt. Im anderen Fall ist $\hat{V}_{\nu ii}$ eine normalisierte Verbindungsmatrix zu

$(A_{ii}\ ,\ \hat{H}_{ii})$ und der Stokes'schen Richtung τ_ν . Betrachten wir nur die τ_{ν_μ} , die Stokes'sche Richtungen zu $[A_{ii}]$ sind, so hat $\hat{X}_{\nu_\mu ii}$ die vorgeschriebene Asymptotik im zu τ_{ν_μ} gehörigen Normalsektor von $[A_{ii}]$, und die Übergangsmatrix zwischen $\hat{X}_{\nu_\mu ii}$ und $\hat{X}_{\nu_{\mu+1} ii}$ ist gerade gleich $\hat{V}_{\nu_\mu ii}$.

14. Reduzibilität und Spalten-Konvergenz bei formalen Lösungen

a) Meromorphe Reduzibilität:

Sei nun [A] eine meromorphe Dgl mit fest gewählter formaler Lösung der Form $H = \Psi\, e^{Q}$ (mit normalisiertem Q) und zugehörigem Umlaufsfaktor $e^{2\pi i L}$ sowie zugehörigen Verbindungsmatrizen V_ν . Dann gilt

Satz IX. Genau dann ist [A] reduzibel vom Typ $(n_1\ ,\ n_2)$, $1 \leq n_i\ ,\ n_1 + n_2 = n$, wenn es eine Matrix $C = D\,\hat{R}$ gibt mit diagonal geblocktem invertierbarem konstantem D und einer Permutationsmatrix $\hat{R}$, so daß

$$C^{-1}\, e^{2\pi i L}\, C \quad \text{und} \quad C^{-1}\, V_\nu\, C \quad \text{für alle } \nu$$

dreieckig geblockt sind vom Typ $(n_1\ ,\ n_2)$.

Beweis. α) Sei [A] mittels einer meromorphen Transformation T äquivalent zu einer dreieckig geblockten Dgl $[\tilde{A}]$ vom Typ $(n_1\ ,\ n_2)$. Dann ist

$$\tilde{H} = T^{-1}\, H = \tilde{\Psi}\, e^{Q}$$

eine formale Lösung von $[\tilde{A}]$, und die Paare (A,H) und $(\tilde{A},\tilde{H})$ sind meromorph äquivalent. Nach Satz VIII sind $e^{2\pi i L}$ und V_ν der formale Umlaufsfaktor bzw. die Verbindungsmatrizen zu $\tilde{H}$. Nach den Propositionen in 13 b) und c) existiert zu $[\tilde{A}]$ eine dreieckig geblockte formale Lösung $\hat{H} = \hat{\Psi}\, e^{\hat{Q}}$ mit zugehörigen dreieckig geblockten Verbindungsmatrizen $\hat{V}_\nu$. Außerdem ist $e^{2\pi i \hat{L}}$ ebenfalls dreieckig geblockt. Zu $\hat{H}$ gehört aber eine Matrix $C = D\,\hat{R}$ mit den in Satz IX genannten Eigenschaften, so daß

$$\hat{H} = \tilde{H}\, C\ .$$

Daraus folgt aber wegen $\hat{V}_\nu = C^{-1}\, V_\nu\, C$, $e^{2\pi i \hat{L}} = C^{-1}\, e^{2\pi i L}\, C$ eine Richtung der Behauptung.

β) Seien umgekehrt für ein $C = D\,\hat{R}$ mit obigen Eigenschaften $C^{-1}\, e^{2\pi i L}\, C$ und $C^{-1}\, V_\nu\, C$ dreieckig geblockt.
Sei $\hat{H} = H\, C = \hat{\Psi}\, e^{\hat{Q}}$, dann hat $\hat{H}$ den formalen Umlaufsfaktor $e^{2\pi i \hat{L}} = C^{-1}\, e^{2\pi i L}\, C$ und die Verbindungsmatrizen $\hat{V}_\nu = C^{-1}\, V_\nu\, C$, und nach Voraussetzung sind diese dreieckig geblockt. Wie in der Bemerkung zur Proposition in 13 b) festgehalten wurde, kann $\hat{L}$ dreieckig gewählt werden, und daher gilt

$$\hat{H} = \hat{F}_m\, z^{\hat{L}}\, e^{\hat{Q}}$$

mit formal meromorphem $\hat{F}_m$. Wenn wir die Proposition in 5.a) auf die Transponierte zu $\hat{F}_m$ anwenden und in der erhaltenen Faktorisierung erneut beide Seiten transponieren, finden wir

$$\hat{F}_m = T_m\, \hat{F}_b\ ,$$

wobei $T_m = z^K (P(z))^T \widehat{F}_e$ eine eigentliche meromorphe Transformation ist. Diese transformiert (A,H) in $(\tilde{A},\tilde{H})$ mit $\tilde{H} = T_m^{-1} H$. Auf Grund von Satz VII bleiben der formale Umlaufsfaktor und die Verbindungsmatrizen zu H ungeändert. Außerdem ist [A] reduzibel genau dann, wenn es $[\tilde{A}]$ ist. Mit der obigen Matrix C gilt

$$\breve{H} = \tilde{H} C = \widehat{F}_b \, z^{\widehat{L}} \, e^{\widehat{Q}} ,$$

und zu $(\tilde{A},\breve{H})$ gehört der dreieckig geblockte Umlaufsfaktor $e^{2\pi i \widehat{L}}$ und die dreieckig geblockten Verbindungsmatrizen $\widehat{V}_\nu$.

Wir blocken $\widehat{F}_b = \begin{bmatrix} \widehat{F}_{11} & \widehat{F}_{12} \\ \widehat{F}_{21} & \widehat{F}_{22} \end{bmatrix}$ in der zu (n_1, n_2) passenden Weise, ebenso die zu $\breve{H}$ gehörigen Normalösungen $\widehat{X}_\nu$ von $[\tilde{A}]$:

$$\widehat{X}_\nu = \begin{bmatrix} \widehat{X}_{\nu 11} & \widehat{X}_{\nu 12} \\ \widehat{X}_{\nu 21} & \widehat{X}_{\nu 22} \end{bmatrix} .$$

Dann folgt aus $\widehat{X}_\nu \cong \breve{H}$ in S_ν, wenn man

$$\widehat{L} = \begin{bmatrix} \widehat{L}_{11} & 0 \\ \widehat{L}_{21} & \widehat{L}_{22} \end{bmatrix} , \quad \widehat{Q} = \mathrm{diag}[\widehat{Q}_1 , \widehat{Q}_2]$$

setzt:

$$\widehat{X}_{\nu 22} \cong \widehat{F}_{22} \, z^{\widehat{L}_{22}} \, e^{\widehat{Q}_2} \quad \text{in } S_\nu .$$

Da $\widehat{F}_{22}$ eine formale Birkhoff-Transformation ist, muß $\widehat{X}_{\nu 22}$ für große z invertierbar sein. Es gibt also überlappende abgeschlossene Teilsektoren $\tilde{S}_\nu \subseteq S_\nu$, mit $\tilde{S}_m = \tilde{S}_0 \, e^{2\pi i}$, $\tilde{S}_{m-1} = \tilde{S}_{-1} \, e^{2\pi i}$, in denen wir

(6) $$T_\nu(z) = \widehat{X}_{\nu 12}(z)\, \widehat{X}^{-1}_{\nu 22}(z)$$

für $\nu = 0,\dots,m$ setzen können.

Wegen
$$\widehat{V}_\nu = \begin{bmatrix} \widehat{V}_{\nu 11} & 0 \\ \widehat{V}_{\nu 21} & \widehat{V}_{\nu 22} \end{bmatrix}$$

gilt
$$\widehat{X}_{\nu-1,j2} = \widehat{X}_{\nu j2}\, \widehat{V}_{\nu 22} \quad \text{für} \quad j = 1,2 \text{ , also}$$

$$T_\nu(z) = T_{\nu-1}(z) \quad \text{in} \quad \widetilde{S}_{\nu-1} \cap \widetilde{S}_\nu$$

für $\nu = 1,\dots,m$. Schließlich folgt aus

$$\widehat{X}_m(z) = \widehat{X}_0(z\, e^{-2\pi i})\, e^{2\pi i \widehat{L}} \quad ,$$

daß
$$\widehat{X}_{mj2}(z) = \widehat{X}_{0j2}(z\, e^{-2\pi i})\, e^{2\pi i \widehat{L}_{22}} \quad ,$$

also:
$$T_m(z) = T_0(z\, e^{-2\pi i}) \quad \text{in} \quad \widetilde{S}_{m-1} \cap \widetilde{S}_m \, .$$

Daher schließen sich die $T_\nu(z)$ in einer Umgebung von $z = \infty$ (in der z-Ebene gesehen) zu einer analytischen und eindeutigen Funktion $T_{1,2}(z)$ zusammen. Aus (6) folgt schließlich

$$T_{1,2}(z) = T_\nu(z) \cong \widehat{F}_{12}\, \widehat{F}^{-1}_{22} \quad \text{in} \quad \widetilde{S}_\nu \; ,$$

also ist $T_{1,2}(z)$ meromorph bei $z = \infty$, und $\widehat{F}_{12}\, \widehat{F}^{-1}_{22}$ die Laurententwicklung von $T_{1,2}(z)$.

Die meromorphe Transformation

$$T(z) = \begin{bmatrix} I & T_{1,2} \\ 0 & I \end{bmatrix},$$

angewandt auf $[\widetilde{A}]$, ergibt eine Dgl mit einer formalen Lösung der Form

$$T^{-1}\check{H} = \begin{bmatrix} I & -\widehat{F}_{12}\widehat{F}_{22}^{-1} \\ 0 & I \end{bmatrix} \begin{bmatrix} \widehat{F}_{11} & \widehat{F}_{12} \\ \widehat{F}_{21} & \widehat{F}_{22} \end{bmatrix} z^{\widehat{L}} e^{\widehat{Q}}$$

$$= \begin{bmatrix} \widehat{F}_{11} - \widehat{F}_{12}\widehat{F}_{22}^{-1}\widehat{F}_{21} & 0 \\ \widehat{F}_{21} & \widehat{F}_{22} \end{bmatrix} z^{\widehat{L}} e^{\widehat{Q}} ,$$

also hat die transformierte Dgl eine dreieckig geblockte formale Lösung und ist somit selbst dreieckig geblockt, q.e.d.

b) Wurzelmeromorphe Reduzibilität:

Eine natürliche Verallgemeinerung des Reduzibilitätsbegriffes ist die Frage, wann eine Dgl [A] mittels einer ν-meromorphen Transformation T auf Blockdreiecksgestalt transformiert werden kann; dabei soll zugelassen sein, daß die neue Dgl $[\widetilde{A}]$ *ν-meromorph* ist, d.h. daß $\widetilde{A}$ eine meromorphe Funktion in $z^{\frac{1}{\nu}}$ ist. Wir sprechen in diesem Fall von *ν-meromorpher Reduzibilität* von [A].

Korollar zu Satz IX. Genau dann ist [A] *ν-meromorph reduzibel vom Typ* (n_1, n_2), $1 \leq n_i$, $n_1 + n_2 = n$, *wenn es eine Matrix* $C = D\widehat{R}$ *gibt mit diagonal geblocktem invertierbarem konstantem* D *und einer Permutationsmatrix* $\widehat{R}$, *so daß*

$C^{-1}\, e^{2\nu\pi i L}\, C$ und $C^{-1}\, V_\nu\, C$ für alle ν dreieckig geblockt sind vom Typ $(n_1\,,\, n_2)$.

Beweis. Sei [A] eine beliebige, meromorphe oder v-meromorphe Dgl. Bei einer Substitution $z = t^v$ geht

$$(7) \qquad \frac{d}{dz}\, X = A(z)\, X$$

über in

$$(8) \qquad \frac{d}{dt}\, X = v\, t^{v-1}\, A(t^v)\, X = B(t)\, X\,,$$

und $X(z)$ ist genau dann Lösung von (7), wenn $X(t^v)$ Lösung von (8) ist. Gleiches gilt dabei auch für formale Lösungen. Die formalen Lösungen für $[B(t)]$ sind uns ihrer Struktur nach bekannt, insbesondere entspricht einer formalen Lösung der Form $\hat{H}(z) = \hat{\Psi}(z)\, e^{\hat{Q}(z)}$ eineindeutig eine formale Lösung der Form $\hat{H}(t^v) = \hat{\Psi}(t^v)\, e^{\hat{Q}(t^v)}$.

Sei insbesondere [A] meromorph, $\hat{H}$ eine formale Lösung mit Umlaufsfaktor $e^{2\pi i \hat{L}}$, Normallösungen $\hat{X}_\nu$ und Verbindungsmatrizen $\hat{V}_\nu$. Dann ist für $B(t)$ aus (8) $e^{2v\pi i \hat{L}}$ der Umlaufsfaktor von $\hat{H}$ (in der Variablen t), und in den transformierten Sektoren S_ν auf der Riemann'schen Fläche von log t gilt

$$\hat{X}_\nu(t^v) \cong \hat{H}(t^v) \quad \text{in} \quad S_\nu\,,$$

$$e^{\hat{Q}(t^v)}\, \hat{V}_\nu\, e^{-\hat{Q}(t^v)} \cong I \quad \text{in} \quad S'_\nu\,,$$

$$e^{-\hat{Q}(t^v)}\, \hat{V}_\nu\, e^{\hat{Q}(t^v)} \cong I \quad \text{in} \quad S'_{\nu+1}\,,$$

also (vgl. 11a) sind die $\widehat{X}_\nu(t^\nu)$ die Normallösungen und $\widehat{V}_\nu$ die Verbindungsmatrizen zu $(B(t)\ ,\ \widehat{H}(t^\nu))$.

Sind [A] und $[\widetilde{A}]$ ν-meromorphe Dgln, die vermittels einer ν-meromorphen Transformation $T(z)$ äquivalent sind, so gilt

$$\widetilde{A}(z) = T^{-1}(z)\ A(z)\ T(z) - T^{-1}(z)\ \frac{d}{dz}\ T(z)\ .$$

Dies ist aber äquivalent zu

$$\widetilde{B}(t) = T^{-1}(t^\nu)\ B(t)\ T(t^\nu) - T^{-1}(t^\nu)\ \frac{d}{dt}\ T(t^\nu)\ ,$$

wobei

(9) $$B(t) = \nu\ t^{\nu-1}\ A(t^\nu)\ ,\ \widetilde{B}(t) = \nu\ t^{\nu-1}\ \widetilde{A}(t^\nu)\ .$$

Dies zeigt: Genau dann ist $[A(z)]$ ν-meromorph äquivalent zu $[\widetilde{A}(z)]$, wenn nach Substitution $z = t^\nu$ für die nach (9) erhaltenen Funktionen die Dgl $[B(t)]$ meromorph äquivalent zu $[\widetilde{B}(t)]$ ist, und jeder ν-meromorphen Transformation $T(z)$ zwischen $[A(z)]$ und $[\widetilde{A}(z)]$ entspricht eineindeutig die meromorphe Transformation $T(t^\nu)$ zwischen $[B(t)]$ und $[\widetilde{B}(t)]$.

Die Bedingung in Satz IX läßt sich folgendermaßen wenden: Es gibt eine formale Lösung von [A] der Form $\widehat{H} = \widehat{\Psi}\, e^{\widehat{Q}}$ mit dreieckig geblocktem formalem Umlaufsfaktor und dreieckig geblockten Verbindungsmatrizen. Die Bedingung des Korollars ist äquivalent zu: Es gibt eine formale Lösung von [A] der Form $\widehat{H} = \widehat{\Psi}\, e^{\widehat{Q}}$ mit (nach Substitution $z = t^\nu$) dreieckig geblockter Umlaufsmatrix $e^{2\nu\pi i\widehat{L}}$ (bezüglich der Variablen t) und dreieckig geblockten Verbindungsmatrizen.

Nach diesen Bemerkungen ergibt sich das Korollar leicht aus Satz IX.

c) Spaltenkonvergenz bei formalen Lösungen:

Sei $H = F_m z^L e^Q$ eine formale Lösung der Dgl [A]. Ob eine bestimmte Spalte von F_m konvergiert, muß sich mit Hilfe der Invarianten des Paares (A,H) entscheiden lassen, denn für ein zu (A,H) äquivalentes Paar $(\tilde{A},\tilde{H})$ konvergiert dann wegen des Zusammenhangs $H = T\,\tilde{H}$ mit einer eigentlichen Transformation des gerade betrachteten Typs die entsprechende Spalte von $\tilde{H}$.
Allgemein läßt sich bei einer konvergenten Spalte von F_m noch nicht sagen, daß sich eine Spalte von H als eigentliche Vektorlösung der Dgl auffassen läßt. Wir werden aber sehen, daß dies im Falle

$$H_w = F_w\, z^{\dot{J}}\, e^Q \tag{10}$$

mit $z^{\dot{J}} e^Q = G_w(z)$ (der formalen wurzelmeromorphen Invarianten von [A]) richtig ist. Sei jetzt H_w von der Form (10) mit zugehörigen Verbindungsmatrizen V_ν fest gewählt. Wir fassen die Spalten von F_w und von V_ν für alle ν so in Spaltenblöcke zusammen, wie es den einzelnen Jordanblöcken von $\dot{J}$ entspricht.
Dann gilt die folgende

Proposition. Die k-te Spalte von F_w konvergiert genau dann, wenn für alle ν die k-te Spalte von V_ν und die nachfolgenden Spalten im selben Spaltenblock nur Nullen außerhalb der Diagonale haben; diese Spalten mögen die Indizes $k,\ldots,k+n_2-1$ tragen.

Im Konvergenzfall konvergieren sogar alle diese Spalten von F_w, und die entsprechenden Spalten von H_w sind eigentliche Lösungen der Dgl [A]. Im Falle $n_2 < n$ ist außerdem [A] v-meromorph reduzibel (für ein geeignetes v) auf eine dreieckig geblockte v-meromorphe Dgl $[\tilde{A}]$ vom Typ $(n - n_2\ ,\ n_2)$, wobei der Block $[\tilde{A}_{22}]$ eine Dgl mit konvergenter formaler Lösung darstellt.

Beweis. Durch einen Wechsel in der a-priori-Anordnung der Oberblöcke in Q und der Jordanblöcke in $\dot{J}_s$ sowie durch eventuell andere Auswahl der Funktion q(z) in jedem Oberblock können wir o.B.d.A. annehmen, daß die k-te Spalte dem letzten Spaltenblock von F_w angehört.

α) Sei die k-te Spalte von F_w konvergent. Da H_w formale Lösung von [A] und $\dot{J}$ und Q vertauschbar sind, gilt

$$A\ F_w = F_w\ (\frac{\dot{J}}{z} + Q') + F_w' \ .$$

Das bedeutet für die Spalten $f_k,\ldots,f_n$ von F_w:

$$(11)\quad \begin{cases} A\ f_j = \frac{1}{z}\ f_{j+1} + f_j(\frac{\lambda}{z} + q') + f_j' & (k \leq j \leq n-1)\ , \\ A\ f_n = f_n(\frac{\lambda}{z} + q') + f_n' & , \end{cases}$$

dabei ist λ der Eigenwert des letzten Jordanblocks von $\dot{J}$ und $q = q_\ell$. Aus (11) lesen wir ab, daß mit f_k auch $f_{k+1},\ldots,f_n$ konvergieren. Die Spalten $h_k,\ldots,h_n$ von H_w berechnen sich aus

$$\left[h_k,\ldots,h_n\right] = \left[f_k,\ldots,f_n\right]\ z^N e^q \ ;$$

dabei ist $N = \begin{bmatrix} \lambda & & 0 \\ 1 & \ddots & \\ & \ddots & \ddots \\ 0 & & 1\ \lambda \end{bmatrix}$ vom Typ $(n_2 \times n_2)$. Daher sind im Fall der Konvergenz von $f_k,\ldots,f_n$ die Spalten $h_k,\ldots,h_n$ eigentliche Lösungen von [A].

Die formale Transformation F_w ist v-meromorph für ein geeignetes v . Ganz analog wie im Beweis von Satz IX für eine meromorphe Transformation faktorisieren wir

$$F_w(z) = T_v(z)\, F_{b,v}(z)$$

mit einer eigentlichen v-meromorphen Transformation T_v und einer formalen Birkhoff-Transformation $F_{b,v}$ in $z^{-\frac{1}{v}}$, in der ebenfalls die Spalten $\tilde{f}_k,\ldots,\tilde{f}_n$ konvergieren. Wir setzen

$$T(z) = T_v(z)\left[e_1,\ldots,e_{k-1}\,,\,\tilde{f}_k,\ldots,\tilde{f}_n\right] = T_v\,\tilde{F}_{b,v}\ ;$$

dabei sei e_j der j-te Einheitsvektor. Dann ist T eine v-meromorphe Transformation, und

$$\tilde{H} = T^{-1}\,H = \left[\ldots,e_k,\ldots,e_n\right] z^{\dot{J}}\, e^{Q}$$

ist dreieckig geblockt vom Typ $(n - n_2\ ,\ n_2)$ mit sinngemäßer Interpretation im Fall $n_2 = n$. Zusätzlich ist der (2,2)-Block von $\tilde{H}$ von der Form $z^{\dot{J}^{(2)}}\, e^{Q_2}$. Die logarithmische Ableitung von $\tilde{H}$ ist v-meromorph. Daher ist [A] v-meromorph reduzibel auf eine Dgl $[\tilde{A}]$ vom behaupteten Typ, und der Block $[\tilde{A}_{22}]$ hat eine formale Lösung der Form $z^{\dot{J}^{(2)}}\, e^{Q_2}$. Folglich sind nach dem Korollar in 13.c) und dem Beweis in 14b) alle V_ν dreieckig geblockt, und der (2,2)-Block eines V_ν ist, falls τ_ν eine Stokes'sche Richtung zu $\tilde{A}_{22}$ ist, eine normalisierte Verbindungsmatrix zu $z^{\dot{J}^{(2)}}\, e^{Q_2}$, also eine Einheitsmatrix (vgl. 8.f), und falls τ_ν keine Stokes'sche Richtung zu $\tilde{A}_{22}$ ist, folgt das gleiche aus 13c).

β) Seien nun umgekehrt die Spalten von V_ν mit Indizes k,...,n außerhalb der Diagonalen gleich Null. Dann sind insbesondere alle V_ν dreieckig geblockt vom Typ $(n - n_2 , n_2)$, und für passendes ν ist $H(z\, e^{2\nu\pi i}) = H(z)\, e^{2\nu\pi i \dot{J}}$. Also ist die ν-te Potenz des formalen Umlaufsfaktors ebenfalls dreieckig geblockt und [A] somit ν-meromorph reduzibel mittels T auf die ν-meromorphe Dgl $[\tilde{A}]$ mit formaler Lösung $\tilde{H} = T^{-1} H$ und den zugehörigen Matrizen V_ν als Verbindungsmatrizen, und T kann (vgl. den Beweis von Satz IX) so eingerichtet werden, daß $\tilde{H}$ dreieckig geblockt ist. Da die (2,2)-Blöcke aller V_ν Einheitsmatrizen sind und diese zugleich die Verbindungsmatrizen zu $(\tilde{A}_{22} , \tilde{H}_{22})$ enthalten, ist $\tilde{H}_{22}$ konvergent nach 8f). Dies zeigt wegen $H = T\,\tilde{H}$ die Konvergenz der Spalten k,...,n von F_w , q.e.d.

d) Anwendung:

Ist zu [A] eine formale Lösung der Form $H_w = F_w\, z^{\dot{J}}\, e^{Q}$ mit Verbindungsmatrizen V_ν fest gewählt, so ergibt sich folgendes

Korollar. Genau dann existiert eine eigentliche Vektorlösung von [A] der Form

(12) $$x(z) = f(z)\, z^{\lambda}\, e^{q(z)}$$

mit einer konvergenten wurzelmeromorphen Reihe $f(z) \not\equiv 0$, einer komplexen Zahl λ und einem Polynom $q(z)$ in einer Wurzel von z ohne konstantes Glied, wenn es eine G_w-zulässige Matrix D gibt, so daß für alle ν die letzte Spalte eines festen Spaltenblocks von $D^{-1}\, V_\nu\, D$ Nullen außerhalb der Diagonalen aufweist. In diesem

Fall kann x als die letzte Spalte des entsprechenden Spaltenblocks von $H_w\, D = F_w\, D\, z^{\dot{J}}\, e^{Q}$ gewählt werden, und so entstehen auch alle Lösungen der Form (12).

Offensichtlich bezieht sich die angegebene Bedingung nur auf die eigentliche wurzelmeromorphe Invariante $< V >_{\mathcal{G}_w}$.

Beweis. α) Ist für ein G_w-zulässiges D die Bedingung an die Matrizen $D^{-1}\, V_\nu\, D$ erfüllt, so konvergiert nach der Proposition in $H_w\, D = F_w\, D\, z^{\dot{J}}\, e^{Q}$ die letzte Spalte des entsprechenden Spaltenblocks von $F_w\, D$, und die entsprechende Spalte von $H_w\, D$ hat die Form (12) und ist eigentliche Lösung von [A].

β) Es existiere umgekehrt eine eigentliche Vektorlösung der Form (12). Dann existiert ein Spaltenvektor $d \neq 0$, so daß

(13) $$x = H_w\, d ,$$

also ist auf Grund des Gleichheitsbegriffes für formale logarithmisch-exponentielle Ausdrücke klar, daß q gleich einem der q aus Q und λ nach eventueller Normalisierung mod rationaler Zahlen gleich einem der Eigenwerte von $\dot{J}_s$ ist. Enthält $\dot{J}_s$ die Jordanblöcke $J_1, \ldots, J_k$ zum Eigenwert λ, und sind

$$f_{j,1}, \ldots, f_{j,i(j)}$$

die Spalten des Spaltenblockes von F_w zu J_j, so gilt wegen der linearen Unabhängigkeit der Spalten von F_w und der Bauart von $z^{\dot{J}_s}$:

$$f = \sum_{j=1}^{k} d_j\, f_{j,i(j)} ,$$

denn f darf kein logarithmisches Glied enthalten.

Aus $A F_w = F_w (\frac{\dot{J}}{z} + Q') + F_w'$ folgt, ähnlich wie in (11):

$$A f_{j,\nu} = \frac{1}{z} f_{j,\nu+1} + f_{j,\nu} (\frac{\lambda}{z} + q') + f_{j,\nu}' \quad (\nu = 1,\ldots,i(j)-1) ,$$

$$A f_{j,\nu} = f_{j,\nu} \cdot (\frac{\lambda}{z} + q') + f_{j,\nu}' \quad (\nu = i(j)) ,$$

für $j = 1,\ldots,k$. Sei i das Minimum aller $i(j)$, genommen über die j mit $d_j \neq 0$, dann folgt mit

$$g_{i-\nu} = \sum_{j=1}^{k} d_j f_{j,i(j)-\nu} \quad (\nu = 0,\ldots,i-1) ,$$

daß gilt:

$$Ag_\nu = \frac{1}{z} g_{\nu+1} + g_\nu (\frac{\lambda}{z} + q') + g_\nu' \quad (\nu = 1,\ldots,i-1)$$

$$Ag_i = g_i (\frac{\lambda}{z} + q') + g_i' .$$

Daher können für ein beliebiges j_0 mit $d_{j_0} \neq 0$ und $i(j_0) = i$ die Spalten von F_w im j_0-ten Spaltenblock durch $g_1,\ldots,g_i$ ersetzt werden, ohne daß die lineare Unabhängigkeit von F_w zerstört wird, und die neue Matrix $\tilde{F}_w$ erfüllt ebenfalls $A \tilde{F}_w = \tilde{F}_w (\frac{\dot{J}}{z} + Q') + \tilde{F}_w'$; also ist $\tilde{H}_w = \tilde{F}_w z^{\dot{J}} e^Q$ ebenfalls formale Lösung. Nach der formalen Theorie existiert ein $D \in \mathfrak{g}_w$ mit

$$\tilde{H}_w = H_w D .$$

Außerdem enthält $\tilde{F}_w$ als letzte Spalte des j_0-ten Spaltenblocks den (konvergenten) Vektor $f = g_i$. Daher haben nach der Proposition die Verbindungsmatrizen $D^{-1} V_\nu D$ die behauptete Eigenschaft.

Bemerkungen. (i) Mit $x(z) = f(z)\, z^{\lambda} e^{q(z)}$ sind auch alle analytischen Fortsetzungen eigentliche Lösungen der Dgl [A].
Ist $z^{\frac{1}{p}}$ die minimale Wurzel in $q(z)$, so sind alle Vektorlösungen

$$x(z)\ ,\ldots,\ x(z\, e^{2(p-1)\pi i})$$

linear unabhängig, denn sie gehören zu den verschiedenen analytischen Fortsetzungen von $e^{q(z)}$. Es läßt sich zeigen, daß ein $D \in \mathcal{G}_W$ existiert, so daß in $H_W D$ alle diese Lösungen als Spalten auftreten. In den Verbindungsmatrizen $D^{-1} V_\nu D$ zeigen sich dann entsprechend viele Spalten mit Nullen außerhalb der Diagonale.
Betrachtet man für eine ganze Zahl k die Funktionen

$$x_k(z) = f(z\, e^{2pk\pi i})\, z^{\lambda} e^{q(z)} ,$$

so sind alle x_k wegen $x_k(z) = x(z\, e^{2pk\pi i})\, e^{-2\lambda pk\pi i}$ Vektorlösungen von [A]. Wir substituieren $z = t^p$, und stellen $f(z) = f(t^p)$ mit geeigneten ganzen Zahlen $v \geq 1$ und r dar in der Form

$$f(t^p) = t^{\frac{r}{v}} \sum_{\nu=0}^{\infty} f_\nu\, t^{-\frac{\nu}{v}} ;$$

dies ist sicher möglich, da $f(t^p)$ wieder wurzelmeromorph ist.
Durch Bilden von Linearkombinationen der Form

$$y_j = \sum_{k=0}^{v-1} \varepsilon^{jk} x_k\ ,\ \varepsilon = e^{\frac{2\pi i}{v}}\ ,\ 0 \leq j \leq v-1$$

sieht man, daß es auch Lösungen der Form

$$y_j(z) = f_j(z)\, z^{\lambda - \frac{j}{vp}} e^{q(z)}$$

mit konvergenten Reihen f_j in $z^{-\frac{1}{p}}$ gibt. Folglich kann man sich bei der Suche nach Vektorlösungen der Form (12) auf solche beschränken, bei denen f(z) eine Reihe in $z^{-\frac{1}{p}}$ ist.

(ii) Man kann zeigen, daß konvergente Spalten in H_w mit den entsprechenden Spalten aller zugehörigen Normallösungen übereinstimmen. Dies ist eine direkte Verallgemeinerung der Tatsache, daß bei konvergentem H_w stets alle zugehörigen Normallösungen gleich H_w sind.

(iii) Ebenso wie die Konvergenz hängt auch der Grad der Divergenz, d.h. das asymptotische Verhalten der Koefizienten einer Spalte von F_w nur von den zu (A,H_w) gehörigen Invarianten ab.

15. Spezielle Matrix- und Lösungsfunktionen

Dies ist ein erster Versuch einer allgemeinen Theorie der speziellen Matrixfunktionen, der zu einer Dgl-freien Charakterisierung der Lösungen meromorpher Dgln führen wird.

a) Charakterisierung der Grundlösungen:

Es sei $\ell \geq 2$ und $(G_b\ , V)$ ein zulässiges Paar. Wir definieren verallgemeinerte sektorielle Transformationen $T_0(z),\dots,T_{m-1}(z)$; $T_m(z) = T_0(z\,e^{-2\pi i})$ durch folgende Eigenschaften für $\nu=1,\dots,m$:

(i) Für passendes $a \geq 0$ sind $T_\nu(z)$ invertierbare analytische

Matrixfunktionen in S_ν mit

$$T_\nu(z) \to I \quad \text{für} \quad z \to \infty \ (z \in S_\nu) \ ;$$

(ii) es gilt

$$G_b(z)\ V_\nu\ G_b^{-1}(z) = T_\nu^{-1}(z)\ T_{\nu-1}(z) \text{ in } S'_\nu \ .$$

Zum Vergleich seien $\tilde{T}_0(z),\ldots,\tilde{T}_{m-1}(z)$; $\tilde{T}_m(z) = \tilde{T}_0(z\,e^{-2\pi i})$ gewöhnliche sektorielle Transformationen, d.h. die $\tilde{T}_\nu(z)$ haben neben den Eigenschaften (i) und (ii) zusätzlich eine asymptotische Entwicklung in eine formale Potenzreihe in z^{-1} , die mit I beginnt. Wir betrachten

$$\hat{T}_\nu(z) = T_\nu(z)\ \tilde{T}_\nu^{-1}(z) \text{ in } S_\nu \text{ für } \nu=0,\ldots,m \ .$$

Aus (ii) folgt

$$\hat{T}_{\nu-1}(z) = \hat{T}_\nu(z) \text{ in } S'_\nu \text{ für } \nu=1,\ldots,m \ ,$$

außerdem gilt die Schließungsbedingung

$$\hat{T}_m(z) = \hat{T}_0(z\,e^{-2\pi i}) \text{ in } S_m \ .$$

Also fügen sich die $\hat{T}_0,\ldots,\hat{T}_{m-1}$ zusammen zu einer in der z-Ebene für $|z| > a$ eindeutigen analytischen Funktion $\hat{T}(z)$, und weiter gilt

$$\hat{T}(z) \to I \quad \text{für} \quad z \to \infty \ .$$

Folglich ist $\hat{T}(z) = T_b(z)$ eine eigentliche Birkhoff-Transformation, und wegen

$$T_\nu(z) = T_b(z)\ \tilde{T}_\nu(z)$$

sind die T_ν auch gewöhnliche sektorielle Transformationen. Es gibt also keinen Unterschied zwischen diesen Begriffen.

Wir hatten früher gesehen, daß die zu (G_b,V) gehörigen Paare (A,H_b) genau den zu (G_b,V) gehörigen Systemen (T_ν) sektorieller Transformationen entsprechen; dabei waren $X_\nu = T_\nu\, G_b$ die zugehörigen Grundlösungen $(\nu=0,\dots,m-1\ ;\ m)$. Daher erhalten wir jetzt die folgende Charakterisierung von Grundlösungen, die zu (G_b,V) gehören.

Proposition. Es sei $\ell \geq 2$ und (G_b,V) zulässig. Die Matrixfunktionen $X_0(z),\dots,X_{m-1}(z)\ ;\ X_m(z) = X_0(z\, e^{-2\pi i})\, e^{2\pi i L}$ sind zu (G_b,V) gehörige Grundlösungen genau, wenn folgendes gilt für $\nu=1,\dots,m$:

(i) Für passendes $a \geq 0$ sind $X_\nu(z)$ invertierbare analytische Matrixfunktionen in S_ν mit

$X_\nu(z) \simeq G_b(z)$, d.h. $X_\nu(z)\, G_b^{-1}(z) \to I$ für $z \to \infty$ $(z \in S_\nu)$;

(ii) es gilt für $\nu = 1,\dots,m$

$$X_{\nu-1}(z) = X_\nu(z)\, V_\nu \quad \text{in} \quad S'_\nu\ .$$

Der genaue Freiheitsgrad bei den Grundlösungen besteht in einem einheitlichen Linksfaktor $T_b(z)$, denn dies ist gerade der Freiheitsgrad der verallgemeinerten sektoriellen Transformationen.

Dies ist eine differentialgleichungsfreie Charakterisierung der Grundlösungen, bei der nur das Hauptglied in der asymptotischen Entwicklung eine Rolle spielt. Wir wissen ferner, daß zu (G_b,V) stets zugehörige Grundlösungen, also insbesondere ein $X_0(z)$ existiert, und $X_0(z)$ ist bis auf einen Linksfaktor $T_b(z)$ bestimmt.

Ist $\ell = 1$, so setzen wir $X_o(z) = T_b(z)\, G_b(z) = F_b(z)\, G_b(z)$ mit konvergenter Transformation $F_b(z)$. Dieses X_o ist durch die Schließungsbedingung $X_o(z) = X_o(z\, e^{-2\pi i})\, e^{2\pi i L}$ und die Asymptotik $X_o(z) \simeq G_b(z)$ in einer vollen Umgebung von $z = \infty$ gekennzeichnet (beachte, daß $X_o\, G_b^{-1}$ eindeutig ist). Mit dieser Interpretation gilt die Proposition auch im Fall $\ell = 1$.

b) Asymptotische Ausdrücke und spezielle Matrixfunktionen:

Es sei wieder $\ell \geq 2$ und (G_b, V) zulässig. Wir betrachten ein zugehöriges Paar (A, H_b) mit entsprechendem X_o und eine allgemeine Fundamentallösung X von [A], etwa

$$X(z) = X_o(z)\, C$$

mit einer beliebig gewählten konstanten invertierbaren Matrix C .

Der Monodromiefaktor von X_o ist

$$e^{2\pi i M_o} = e^{2\pi i L}\, V_m \cdots V_1$$

(vgl. 8e), und der Monodromiefaktor von X ist daher

$$e^{2\pi i M} = C^{-1}\, e^{2\pi i M_o}\, C\ . \qquad (1)$$

Insgesamt können wir uns (G_b, V, C, M) als gegeben denken; dabei sei (G_b, V) zulässig, C beliebig konstant und invertierbar und M so gewählt, daß (1) gilt. Ein solches System heiße insgesamt ebenfalls zulässig.

Mit einer ganzzahligen Diagonalmatrix N bilden wir einen asymptotischen Ausdruck $\mathcal{A}(z) = (\mathcal{A}_o(z), \ldots, \mathcal{A}_m(z))$ mit

mit

$$\mathcal{A}_\nu(z) = G_b(z)\ V_\nu \dots V_1\ C\ z^{-M}\ z^{-N}\ .$$

Dann gilt:

(i) $\mathcal{A}_{\nu-1}(z) \simeq \mathcal{A}_\nu(z)$ in S'_ν für $\nu=1,\dots,m$,

weil dort $G_b\ V_\nu\ G_b^{-1} \simeq I$ gilt, und

(ii) $$\mathcal{A}_m(z) = \mathcal{A}_0(z\ e^{-2\pi i})$$

wegen

$$e^{2\pi iL}\ V_m \dots V_1\ C\ e^{-2\pi iM} = C\ .$$

Wir nennen N und damit $\mathcal{A}(z)$ zulässig, wenn es eine in der ganzen z-Ebene invertierbare analytische Matrixfunktion S(z) gibt, für die gilt:

(2) $S(z) \simeq \mathcal{A}_\nu(z)$ in S_ν für $\nu=0,\dots,m$.

Wir schreiben statt (2) kürzer

(3) $$S(z) \simeq \mathcal{A}(z)$$

und nennen jedes S(z), das (3) für einen beliebigen asymptotischen Ausdruck erfüllt, eine spezielle Matrixfunktion.
Ist $\tilde{S}(z)$ eine weitere spezielle Matrixfunktion zum selben asymptotischen Ausdruck $\mathcal{A}(z)$, so ist $T(z) = \tilde{S}(z)\ S^{-1}(z)$ in der ganzen z-Ebene eindeutig und analytisch und erfüllt

$$T(z) \simeq I\ (z \to \infty \text{ entlang jeder Richtung}).$$

Nach dem Liouville'schen Satz ist daher $T(z) = I$, also ist $\tilde{S}(z) = S(z)$, d.h. die spezielle Matrixfunktion ist durch $\mathcal{A}(z)$ und damit durch $(G_b, V, C, M ; N)$ eindeutig bestimmt. Daher hängt S(z)

insgesamt nur von endlich vielen Parametern ab, die sogar weitgehend invariant sind. Es wäre sehr wünschenswert, wenn man diese Abhängigkeit möglichst klar und explizit machen könnte.
Sei (G_b, V) zulässig und (A, H_b) ein zugehöriges Paar mit X_o als Grundlösung. Wie schon erwähnt, ist X_o bestimmt bis auf einen Linksfaktor $T_b(z)$. Mit einer beliebigen konstanten invertierbaren Matrix C betrachten wir die Lösung $X = X_o C$. Mit einem entsprechend zu (1) gewählten M ist

$$X(z) = E(z)\, z^M ,$$

wobei $E(z)$ eine invertierbare eindeutige analytische Matrixfunktion für $|z| > a$ in der z-Ebene ist mit demselben Freiheitsgrad wie X_o. Nach Satz B (zweite Version) ist $E(z)$ faktorisierbar als

$$E(z) = T_b(z)\, S(z)\, z^N ;$$

dabei ist $T_b(z)$ eine eigentliche Birkhoff-Transformation, N eine ganzzahlige Diagonalmatrix und $S(z)$ eine in der ganzen z-Ebene invertierbare und analytische Matrixfunktion. Die Faktorisierung ist vielleicht nicht eindeutig, insbesondere ist N evtl. nicht festgelegt.
Jedenfalls folgt aber nach Wahl eines passenden N aus

$$X_o = X_\nu\, V_\nu \ldots V_1 \cong H_b\, V_\nu \ldots V_1 \quad \text{in} \quad S_\nu ,$$

daß

$$X \simeq G_b\, V_\nu \ldots V_1\, C = \mathcal{A}_\nu(z)\, z^N z^M \quad \text{in} \quad S_\nu .$$

Also erfüllt $S(z)$ Gleichung (3) und ist daher die spezielle Matrixfunktion zu $\mathcal{A}(z)$; <u>insbesondere existiert daher zu einem zu-</u>

lässigen System (G_b , V, C, M) stets ein zulässiges N bzw. $\mathcal{A}(z)$. Eine wichtige offene Frage ist, welche N bei gegebenem (G_b , V, C, M) zulässig sind. Sie hängt zusammen mit dem verallgemeinerten Riemann'schen Problem.

Ist $\ell = 1$, so ist V leer, Q skalar und eindeutig in der z-Ebene, F_b konvergent. Wir setzen $X_o = F_b\, G_b$,
$X = F_b\, G_b\, C = E(z)\, z^M$ mit $M = C^{-1}\, J\, C$, $E(z) =$

$= F_b(z)\, F_o P(z)\, z^K\, C\, e^{Q(z)} = T_b(z)\, S(z)\, z^N$. Dann ist

$\mathcal{A}_o(z) = G_b(z)\, C\, z^{-M}\, z^{-N} = F_b^{-1}(z)\, T_b(z)\, S(z)$

eindeutig und analytisch für $z \neq 0$. Wir setzen $\mathcal{A}(z) = \mathcal{A}_o(z)$ und sehen, daß (3) dann auch für $\ell = 1$ richtig ist.
Wir merken noch an, daß für $\ell \geq 2$ der Fall $V_\nu = I$ ($\nu=1,\ldots,m$), also der Fall einer konvergenten formalen Lösung, genau dem Fall entspricht, daß alle $\mathcal{A}_\nu(z)$ gleich sind.

c) Spezielle Lösungsfunktionen:

Im Folgenden ist $\ell = 1$ als trivialer Fall enthalten. Wir nennen bei einem zulässigen System (G_b, V, C, M ; N) mit zugehöriger spezieller Matrixfunktion S(z) die Funktion

$$Y(z) = S(z)\, z^N\, z^M$$

eine spezielle Lösungsfunktion. Dann gilt folgendes: Sei X eine beliebige Fundamentallösung einer meromorphen Dgl [A]. Wir wählen in bekannter Weise eine formale Lösung H_b und bestimmen die zu (A,H_b) gehörige Grundlösung X_o . Im Fall $\ell \geq 2$

bestimmen wir auch das zu (A,H_b) gehörige Verbindungssystem V. Das Paar (A,H_b) gehört dann zu (G_b,V). Also ist die Situation genau wie in b), d.h. wir werden auf einen zulässigen asymptotischen Ausdruck $\mathcal{A}(z)$ geführt, mit zugehöriger spezieller Matrixfunktion S(z), so daß gilt

$$(4) \qquad X(z) = T_b(z)\, Y(z) \;,\; Y(z) = S(z)\, z^N\, z^M \;.$$

Somit läßt sich jede Lösung X mit Hilfe einer speziellen Lösungsfunktion Y in der Form (4) darstellen, und Y(z) muß natürlich wieder einer meromorphen Dgl genügen, die ein möglicher Repräsentant der Birkhoff'schen Äquivalenzklasse ist. Das Y selbst repräsentiert die Singularität bei $z = \infty$; der wesentliche Anteil wird dabei von der speziellen Matrixfunktion S(z) geliefert. Man sieht, daß Y(z) eindeutig durch das zulässige System $(G_b\ ,\ V,\ C,\ M\ ;\ N)$ festgelegt ist. Es fragt sich jetzt natürlich, ob alle zulässigen N bei der obigen Darstellung (4) von Lösungen wirklich auftreten können, d.h. ob alle Funktionen der Form $S(z)\, z^N\, z^M$ wirklich Lösungen einer meromorphen Dgl sind. Das bestätigt die folgende

Proposition. Es sei $(G_b\ ,\ V,\ C,\ M\ ;\ N)$ zulässig und S(z) die zugehörige spezielle Matrixfunktion. Dann gibt es ein zu (G_b,V) gehöriges Paar (A,H_b) mit Grundlösung X_0 , so daß $Y = X_0\, C$ gilt.

Somit gehört zu jeder speziellen Lösungsfunktion Y eine meromorphe Dgl $[A]$, $A = Y'\, Y^{-1}$.

<u>Beweis</u>. Im Falle $\ell \geq 2$ setzen wir

$$X_\nu = Y\, C^{-1}\, V_1^{-1} \ldots V_\nu^{-1} \quad \text{für} \quad \nu = 0, \ldots, m\,.$$

Dann gilt in S_ν

$$X_\nu \simeq \mathcal{A}_\nu(z)\, z^N\, z^M\, C^{-1}\, V_1^{-1} \ldots V_\nu^{-1} = G_b\,;$$

außerdem ist $X_{\nu-1} = X_\nu\, V_\nu$ für $\nu = 1, \ldots, m$, und es gilt wegen (1)

$$X_m(z) = Y(z\, e^{-2\pi i})\, e^{2\pi i M}\, C^{-1}\, V_1^{-1} \ldots V_m^{-1}$$

$$= Y(z\, e^{-2\pi i})\, C^{-1}\, e^{2\pi i L} = X_0(z\, e^{-2\pi i})\, e^{2\pi i L}\,.$$

Damit sind die Voraussetzungen der Proposition in a) erfüllt. Also gibt es ein zu (G_b, V) gehöriges Paar (A, H_b), das gerade die Grundlösungen $X_0, \ldots, X_{m-1}$ hat. Außerdem gilt $Y = X_0\, C$.

Im Fall $\ell = 1$ ist V leer, $M = C^{-1}\, J\, C$, und $\mathcal{A}_0(z) = G_b(z)\, C\, z^{-M}\, z^{-N}$ ist eine eindeutige analytische Funktion für $z \neq 0$. Mit der zugehörigen speziellen Matrixfunktion $S(z)$ bilden wir die eindeutige analytische Funktion

$$T(z) = \mathcal{A}_0(z)\, S^{-1}(z), \; z \neq 0\,.$$

Wegen $T \simeq I$ entlang jeder Richtung folgt, daß $T = T_b$ eine eigentliche Birkhoff-Transformation ist, also

$$\mathcal{A}_0(z) = T_b(z)\, S(z)\,, \quad Y(z) = S(z)\, z^N\, z^M = T_b^{-1}(z)\, G_b(z)\, C\,.$$

Wir setzen $H_b = T_b^{-1}\, G_b$, $A = H_b'\, H_b^{-1}$ und erhalten ein zu (G_b, V) gehöriges Paar (A, H_b) mit Grundlösung $X_0 = H_b = Y\, C^{-1}$, q.e.d.

d) Charakterisierung der Lösungen meromorpher Dgln:

Wir fassen die Ergebnisse der vorangegangenen Abschnitte zusammen:

Satz X. Zu jedem zulässigen System (G_b , V, C, M) gibt es eine zulässige ganzzahlige Diagonalmatrix N. Ist das Gesamtsystem (G_b , V, C, M ; N) zulässig, so bestimmt es eindeutig eine spezielle Lösungsfunktion

$$Y(z) = S(z)\, z^N\, z^M .$$

Die spezielle Matrixfunktion S(z) ist dabei charakterisiert als die einzige in der ganzen z-Ebene invertierbare analytische Matrixfunktion, die

$$S \simeq \mathcal{A}(z) \quad , \text{ d.h. } \quad S(z) \simeq \mathcal{A}_\nu(z) \text{ in } S_\nu$$

erfüllt. Neben Y(z) erfüllt auch

(5) $$X(z) = T_b(z)\; Y(z)$$

für jede eigentliche Birkhoff-Transformation $T_b(z)$ eine meromorphe Dgl. Umgekehrt gibt es zu jeder Fundamentallösung X einer meromorphen Dgl [A] mit formaler Lösung H_b ein zulässiges System (G_b , V, C, M ; N), das die obige Darstellung (5) bewirkt.

Wir sehen also, daß die Darstellung (5) charakteristisch für Lösungen meromorpher Dgln ist, d.h. jede Lösung läßt sich so darstellen und jede Funktion dieser Form ist Lösung einer gewissen meromorphen Dgl.

Im folgenden beschäftigen wir uns noch mit den speziellen Lösungsfunktionen. Wir nennen zwei spezielle Lösungsfunktion $Y(z)$ und $\tilde{Y}(z)$ meromorph äquivalent, falls es eine konstante invertierbare Matrix W und eine meromorphe Transformation $T_m(z)$ gibt, so daß

(6) $$T_m(z)\ \tilde{Y}(z) = Y(z)\ W$$

gilt, d.h.

$$T_m(z)\ \tilde{S}(z) = S(z)\ \tilde{T}_m(z)\ ,\quad \tilde{T}_m(z) = z^N z^M\ W\ z^{-\tilde{M}}\ z^{-\tilde{N}}\ .$$

Dabei folgt durch Auflösen nach dem entsprechenden Ausdruck, daß sowohl $T_m^{\pm 1}$ als auch $\tilde{T}_m^{\pm 1}$ eindeutige analytische Funktionen in der z-Ebene mit Polen höchstens bei $z = 0$ und $z = \infty$ sein müssen, also haben beide eine beidseitig endliche Laurententwicklung in z.

Solche Relationen zwischen den speziellen Matrixfunktionen sind auf Grund der Invarianten sofort zu übersehen:

Die speziellen Lösungsfunktionen Y und $\tilde{Y}$ definieren per logarithmischer Ableitung zwei meromorphe Dgln [A] und $[\tilde{A}]$. Wir wählen zwei formale Lösungen H_b bzw. $\tilde{H}_b$ und zugehörige Grundlösungen X_0 bzw. $\tilde{X}_0$. Mit $Y = X_0\ C$, $\tilde{Y} = \tilde{X}_0\ \tilde{C}$, $D = C\ W\ \tilde{C}^{-1}$ geht (6) über in

(6') $$T_m\ \tilde{X}_0 = X_0\ D\ ,$$

insbesondere auch

(7) $$T_m\ \tilde{H}_b = H_b\ D\ ,\ \text{also}\ D \in \mathfrak{G}_m\ ;$$

denn zunächst ist nach (6) T_m eine meromorphe Transformation von [A] in $[\tilde{A}]$, also gilt $T_m\ \tilde{H}_b = H_b\ \tilde{D}$ für ein $\tilde{D} \in \mathfrak{G}_m$, und daraus folgt $T_m \tilde{X}_0 = X_0 \tilde{D}$, also $\tilde{D} = D$. Wir haben daher die Transformation zwischen den Paaren

$$T_m : (A, H_b\ D) \to (\tilde{A}, \tilde{H}_b) \ ,$$

was wiederum (6') impliziert. Nach 12.a) ist dies gleichbedeutend mit

(8) $$G_m(z) = \tilde{G}_m(z) \quad \text{und} \quad D^{-1}\, V\, D = \tilde{V}$$

für

(9) $$D = C\, W\, \tilde{C}^{-1} \in \mathfrak{G}_m \ .$$

Eine Relation (6) mit fest gewähltem W, das natürlich (9) erfüllen muß, besteht also genau dann, wenn (8) gilt. Fragt man nach dem Bestehen von (6) für irgendein W , so ist dies äquivalent zu

(10) $$G_m = \tilde{G}_m \ , \ \langle V \rangle_{\mathfrak{G}_m} = \langle \tilde{V} \rangle_{\mathfrak{G}_m} \ ;$$

dies folgt auch direkt, da G_m und $\langle V \rangle_{\mathfrak{G}_m}$ gerade die meromorphen Invarianten zu [A] sind. Offen bleibt die wichtige Aufgabe, unter den äquivalenten speziellen Lösungsfunktionen einen natürlichen bzw. besonders einfachen Repräsentanten zu wählen.

e) Standardgleichungen:

Unter dem verallgemeinerten Riemann'schen Problem versteht man die folgende Frage:

Gibt man zu endlich vielen Punkten $z_1, \ldots, z_k$ der komplexen Ebene jeweils Invarianten vor, gibt es dann stets eine Dgl [A] mit Polen höchstens an diesen Stellen, so daß [A] an diesen Punkten gerade die durch die Invarianten vorgeschriebenen Singularitäten hat? Spezieller kann man auch nach der Existenz einer Lösung X von [A] fragen, die an diesen Punkten die vorgeschriebenen Singularitäten hat.

Wir wollen hier den Zusammenhang zwischen dem verallgemeinerten Riemann'schen Problem und der Wahl eines zulässigen N herstellen:

Wir betrachten eine Dgl [A], die Singularitäten nur bei $z = 0$ und $z = \infty$ hat. Bei $z = \infty$ habe sie (zu passend gewählter formaler Lösung H_b) die Birkhoff-Invarianten (G_b, V). Bei $z = 0$ liege eine spezielle reguläre Singularität vor; die zugehörigen analytischen Invarianten beschreiben wir wie folgt:

Sei $\mathfrak{R}$ ein a priori gewähltes Repräsentantensystem mod 1. Es gebe eine Jordanmatrix $J^{(o)}$ mit Eigenwerten aus $\mathfrak{R}$ und a priori angeordneten Jordanblöcken, so daß [A] eine Lösung der Form

(11) $$Y(z) = F(z)\, z^{J^{(o)}}$$

hat mit einer bei $z = 0$ analytischen Transformation $F(z)$. Man prüft leicht nach, daß $J^{(o)}$ ein volles Invariantensystem für analytische Äquivalenz bei $z = 0$ darstellt. Die logarithmische Ableitung von Y ist von der Form

(12) $$A(z) = z^{r-1} A_0 + z^{r-2} A_1 + \ldots + z^{-1} A_r$$

mit einer Matrix A_r mit Eigenwerten aus $\mathfrak{R}$. Eine Dgl dieser Form nennen wir Standardgleichung. Umgekehrt zeigt die Potenzreihenmethode von Frobenius, daß jede Standardgleichung eine Lösung der Form (11) hat, wobei $J^{(o)}$ die Jordannormalform von A_r ist. Nach Satz B ist jede meromorphe Dgl zu einer Standardgleichung meromorph äquivalent (man braucht nur die Eigenwerte von M aus $\mathfrak{R}$ zu wählen).

Sei X_0 die zu (A, H_b) passende Normallösung bei $z = \infty$. Dann gilt für passendes C (konstant und invertierbar)

$$Y(z) = X_0(z)\, C \,.$$

Sei M_0 als Lösung der Gleichung $e^{2\pi i M_0} = e^{2\pi i L}\, V_m \ldots V_1$ so ausgewählt, daß die Eigenwerte von M_0 aus $\mathfrak{A}$ stammen. Durch diese Bedingung ist M_0 eindeutig bestimmt, denn (vgl. die Proposition in 4c) $e^{2\pi i M_0} = e^{2\pi i \tilde{M}_0}$ impliziert in diesem Falle $M_0 = \tilde{M}_0$. Dann folgt aus der Darstellung $X_0(z) = E(z)\, z^{M_0}$, $E(z)$ eindeutig in der z-Ebene, und aus (11), daß $z^{M_0}\, C\, z^{-J^{(0)}}$ eindeutig ist, also $M_0 = C\, J^{(0)}\, C^{-1}$, und

$$E(z)\, C = F(z) \,.$$

Daher ist $E(z)$ selber analytisch bei $z = 0$ und für alle z invertierbar. Somit muß $E(z)$ gleich der zu $(G_b, V, C = I, M_0, N=0)$ gehörigen speziellen Matrixfunktion $S(z)$ sein; insbesondere muß $N = 0$ eine zulässige Wahl zu (G_b, V, I, M_0) sein. Die Matrix $J^{(0)}$ ist dabei die Jordannormalform von M_0 und daher auf Grund unserer a-priori-Normalisierungen durch die Invarianten bei $z = \infty$ festgelegt. Ist umgekehrt $(G_b, V, I, M_0\,;\, N = 0)$ zulässig, wobei die Eigenwerte von M_0 aus $\mathfrak{A}$ stammen sollen, so existiert eine zugehörige spezielle Lösungsfunktion

$$Y(z) = S(z)\, z^{M_0} \,,$$

also gilt für ein C mit $C^{-1} M_0 C = J^{(0)}$ (der Jordannormalform von M_0):

$$Y(z)\, C = S(z)\, C\, z^{J^{(0)}} \,.$$

Daher hat die Dgl [A] mit $A = Y' Y^{-1}$ die vorgeschriebenen Invarianten und ist von der Form (12), und die Eigenwerte von A_r gehören zu $\mathfrak{R}$.

Betrachtet man bei festem $\mathfrak{R}$ zwei Dgln [A] und [$\tilde{A}$] der Form (12), für die A_r und $\tilde{A}_r$ Eigenwerte aus $\mathfrak{R}$ haben, mit den gleichen Birkhoff-Invarianten (G_b, V) bei $z = \infty$, so hat [A] bzw. [$\tilde{A}$] bei $z = 0$ nach obigen Überlegungen eine Lösung der Form

$$Y(z) = S(z)\, z^{J^{(o)}} \quad \text{bzw.} \quad \tilde{Y}(z) = \tilde{S}(z)\, z^{J^{(o)}}$$

mit dem gleichen, durch die Invarianten bei $z = \infty$ festgelegten $J^{(o)}$. Bei $z = \infty$ sind beide Systeme Birkhoff - äquivalent, daher existiert eine Birkhoff-Transformation $T_b(z)$ sowie eine konstante, invertierbare Matrix C, so daß gilt:

$$Y\, C = T_b\, \tilde{Y} .$$

Also muß $z^{J^{(o)}}\, C\, z^{-J^{(o)}}$ eindeutig sein; daraus folgt aber

$$z^{J^{(o)}}\, C\, z^{-J^{(o)}} = C , \quad T_b(z) = S(z)\, C\, \tilde{S}^{-1}(z) .$$

Also ist $T_b(z)$ analytisch in der ganzen z-Ebene und $= I$ bei $z = \infty$; daher ist $T_b(z) \equiv I$.

Wir nennen bei festem Repräsentantensystem $\mathfrak{R}$ das Paar (G_b, V) normal bezüglich $\mathfrak{R}$, wenn $(G_b, V, I, M_o; 0)$ zulässig ist, wobei M_o eindeutig festgelegt ist durch die Forderung, Eigenwerte in $\mathfrak{R}$ zu haben. Wir wollen zeigen, daß für jedes $C \in \mathfrak{G}_b$ mit (G_b, V) auch $(G_b, C^{-1} V C)$ normal bezüglich $\mathfrak{R}$ ist:

Sei $\tilde{V}_\nu = C^{-1} V_\nu C$ für alle ν. Dann ist $\tilde{M}_o = C^{-1} M_o C$ Monodromiematrix zu $\tilde{X}_0 = X_0\, C$ mit Eigenwerten aus $\mathfrak{R}$, so wie unsere Festlegungen es verlangen. Aus

$$\tilde{\mathcal{A}}_\nu = G_b\, \tilde{V}_\nu \ldots \tilde{V}_1\, z^{-\tilde{M}_0} = G_b\, C^{-1}\, V_\nu \ldots V_1\, z^{-M_0}\, C$$

$$= T_b\, G_b\, V_\nu \ldots V_1\, z^{-M_0}\, C = T_b\, \mathcal{A}_\nu\, C \simeq \mathcal{A}_\nu\, C$$

folgt, daß zu $\tilde{\mathcal{A}}$ die spezielle Matrixfunktion $\tilde{S} = S\,C$ gehört; also ist $(G_b, \tilde{V}, I, \tilde{M}_0\, ; 0)$ zulässig.

Dies zeigt: Die Eigenschaft der Normalität bzgl. $\mathfrak{R}$ ist eine Eigenschaft von $\langle V \rangle_{\mathcal{G}_b}$; wir nennen daher $(G_b, \langle V \rangle_{\mathcal{G}_b})$ normal bezüglich $\mathfrak{R}$, wenn es ein System $V = (V_\nu)$ gibt, so daß (G_b, V) normal bezüglich $\mathfrak{R}$ ist, wobei natürlich $V \in \langle V \rangle_{\mathcal{G}_b}$ sein soll.

Wir fassen einige Ergebnisse wie folgt zusammen:

Gegeben sei ein Repräsentantensystem $\mathfrak{R}$ mod 1; ferner sei M_0 mit Eigenwerten aus $\mathfrak{R}$ jeweils durch (G_b, V) festgelegt, und schließlich sei $J^{(o)}$ wie beschrieben normalisiert mit Eigenwerten aus $\mathfrak{R}$. Dann gilt

Proposition. Die Birkhoff-Invarianten G_b , $\langle V \rangle_{\mathcal{G}_b}$ bei $z = \infty$ und die analytische Invariante $J^{(o)}$ bei $z = 0$ lassen sich genau dann durch eine nur bei $z = \infty$ und $z = 0$ singuläre Dgl [A] realisieren, wenn $J^{(o)}$ die Jordannormalform von M_0 und $(G_b , \langle V \rangle_{\mathcal{G}_b})$ normal bzgl. $\mathfrak{R}$ ist. Die entsprechende Dgl [A] ist dann eindeutig bestimmt und von der Form einer Standardgleichung

$$A = A_0 z^{r-1} + \ldots + A_r\, z^{-1} ,$$

wobei A_r nur Eigenwerte aus $\mathfrak{R}$ haben darf. Bei der so definierten Korrespondenz tritt jede Dgl dieser Art für genau ein normales Paar $(G_b, \langle V \rangle_{\mathcal{G}_b})$ auf.

Aus dem Vorstehenden ergibt sich, daß zwei verschiedene Dgln dieses Typs sogar inäquivalent bzgl. Birkhoff'scher Äquivalenz bei $z = \infty$ sind. Sofort klar ist demzufolge auch, daß zwei solche Dgln analytisch äquivalent sind genau, wenn sie mit einer konstanten Transformation verbunden sind. Wir wollen noch prüfen, wann meromorphe Äquivalenz vorliegt:

Sei T_m eine bei $z = \infty$ meromorphe Transformation zwischen zwei Dgln $[A]$ und $[\tilde{A}]$ der Form (12), wobei A_r und $\tilde{A}_r$ Eigenwerte in $\mathfrak{R}$ haben. Bei $z = 0$ existieren Lösungen der Form

$$Y(z) = S(z)\, z^{A_r}$$

bzw.

$$\tilde{Y}(z) = \tilde{S}(z)\, z^{\tilde{A}_r}$$

mit in der ganzen Ebene analytischen und invertierbaren Funktionen $S(z)$ bzw. $\tilde{S}(z)$. Also gibt es eine konstante, invertierbare Matrix C mit

$$S(z)\, z^{A_r}\, C = T_m(z)\, \tilde{S}(z)\, z^{\tilde{A}_r} .$$

Also muß $z^{A_r}\, C\, z^{-\tilde{A}_r}$ eindeutig sein, woraus

$$A_r\, C = C\, \tilde{A}_r \; , \quad S(z)\, C = T_m(z)\, \tilde{S}(z)$$

folgt. Daher ist $T_m^{\pm 1}(z)$ analytisch für alle z und folglich ein Polynom in z; somit ist $\det T_m(z)$ ein Polynom ohne Nullstellen, also konstant. Umgekehrt sieht man, daß eine solche Transformation stets eine Dgl vom betrachteten Typ in eine andere des gleichen Typs überführt.

Bei gegebenem $(G_b, \langle V \rangle_{\mathfrak{g}_b})$ lautet eine wichtige offene Frage, ob es ein $\mathfrak{R}$ oder mehrere gibt bzgl. derer $(G_b, \langle V \rangle_{\mathfrak{g}_b})$ normal ist, bzw. ob ein $\mathfrak{R}$ besonders ausgezeichnet ist dadurch, daß sich durch meromorphe Äquivalenz der Poincaré-Rang der Dgl drücken läßt.

16. Weitere Ergebnisse und Bemerkungen

a) Skalare Differentialgleichungen:

Sei $z\,B(z)$ ein Matrixpolynom in z, d.h. $y' = By$ eine polynomartige Dgl. Wir bilden

$$X = TY\,,\quad X' = AX$$

mit überall meromorpher (d.h. rationaler) Transformation T. Nach Cope [7] läßt sich T so wählen, daß

$$A = \begin{bmatrix} 0 & 1 & \cdots & 0 \\ \vdots & \ddots & \ddots & \vdots \\ \vdots & & \ddots & \vdots \\ 0 & \cdots & 0 & 1 \\ a_n & \cdots & a_2 & a_1 \end{bmatrix}$$

wird mit rationalen Funktionen a_j, und daß alle Singularitäten von A außer bei $z = \infty$ regulär singulär sind. Die Dgl $[A]$ entspricht also einer skalaren Dgl n-ter Ordnung; sie hat nur endlich viele Singularitäten, und nach der Fuchs'schen

Theorie ist klar, wie die Koeffizienten a_j aussehen müssen. Solche Dgln n-ter Ordnung wollen wir speziel1e skalare Dgln nennen. Wegen der Birkhoff'schen Reduktion ist jede meromorphe Dgl meromorph äquivalent zu einer speziellen skalaren Dgl.

Hier stellen sich zwei wichtige Fragen: Was läßt sich über die Lage und Art der zusätzlichen regulären Singularitäten sagen, und wieweit ist dies durch die Invarianten bei $z = \infty$ bestimmt? Was läßt sich auf Grund der Koeffizienten a_j über die Invarianten der speziellen skalaren Dgln sagen? Jedenfalls ist klar, daß die speziellen skalaren Dgln alle möglichen meromorphen Invarianten realisieren. Die Frage nach dem Zusammenhang zwischen der Singularität bei $z = \infty$ und den anderen, zusätzlichen Singularitäten kann auch als Teilfrage des verallgemeinerten Riemann'schen Problems gesehen werden.

b) Birkhoff'sche Reduktion:

In der Birkhoff'schen Reduktion kontrolliert man z.Zt. noch nicht den Grad des Polynoms $z\,B(z)$. Wünschenswert wäre eine Reduktion auf eine Form

$$(1) \qquad B(z) = z^{r-1} \sum_{k=0}^{r} B_k z^{-k} = \frac{1}{z} \sum_{k=0}^{r} B_k z^{r-k} ,$$

wobei r der Poincaré'sche Rang der Ausgangsgleichung [A] ist, also

$$A(z) = z^{r-1} \sum_{k=0}^{\infty} A_k z^{-k} , \ A_0 \neq 0 .$$

Turrittin [31] hat gezeigt, daß [A] meromorph äquivalent zu einer

solchen Dgl [B] ist, falls A_0 lauter verschiedene Eigenwerte hat. Auf Grund eines neuen einfacheren Beweises des Verf. gilt dies noch, solange alle Oberblöcke die Dimension 1 haben, also in den q_j keine Wurzeln vorkommen (d.h. $p_j = 1$), und auch alle Vielfachheiten $s_j = 1$ sind. Falls in den q_j Wurzeln vorkommen, so kann man mit p als dem kleinsten gemeinsamen Vielfachen der p_j die neue Veränderliche $w = z^{\frac{1}{p}}$ einführen. Der Poincarésche Rang der Ausgangsgleichung ist nun $p\,r$.
Waren die Vielfachheiten der $q_j(z)$ alle gleich 1 , d.h.

$$(2) \qquad q_j(z) \neq q_k(z) \quad \text{für} \quad j \neq k ,$$

so ist dies nach der Substitution auch der Fall; die Wurzeln sind aber verschwunden, so daß auf die neue Gleichung obiges Ergebnis anwendbar ist. Es gibt also in diesem Fall eine p-meromorphe Transformation, so daß sich für die transformierte Dgl [B]

$$(3) \qquad B(z) = z^{r-1} \sum_{k=0}^{pr} B_k \, z^{-\frac{k}{p}} = \frac{1}{z} \sum_{k=0}^{pr} B_k \, z^{r-\frac{k}{p}}$$

erreichen läßt. <u>Unter der Annahme</u> (2) <u>ist also eine p-meromorphe Birkhoff-Reduktion möglich</u>. Die Bedingung (2) ist eine weitgehende Verallgemeinerung der Turrittin'schen Bedingung über die Verschiedenheit der Eigenwerte von A_0 . Der Fall eines mehrfachen q_j ist aber noch nicht geklärt.

<u>c) Berechenbarkeit und Invariantenzählung</u>:

Die Bestimmung der formalen Invarianten läßt sich in endlich vielen Schritten durchführen und ist daher als <u>effektiv</u> anzusehen, wenngleich eine direktere Berechnung (als z. Zt. bekannt) wünschenswert wäre. Zur Berechnung der Verbindungsmatrizen kann man den Standpunkt einnehmen, daß Lösungen $Y_\nu \cong H$ in S_ν über den Existenzsatz berechenbar sind. Die dabei auftretenden Verbindungsmatrizen $W_\nu = Y_\nu^{-1} Y_{\nu-1}$ sind damit auch effektiv berechenbar. Aus der Konstruktion des Einzigkeitssatzes bzw. aus Abschnitt 8.f) geht hervor, wie man daraus die V_ν effektiv berechnen kann. Handelt es sich von vornherein um eine Dgl vom Standardtyp, so ist es natürlich erstrebenswert, möglichst explizite Formeln für die formalen und eigentlichen Invarianten zu finden. In einer Dgl der Form (1) stecken $(r + 1)n^2$ Parameter. Es fragt sich insbesondere, wieviele Invarianten diesen Parametern entsprechen und ob z.B. alle meromorphen Invarianten so realisierbar sind. Dies ist nur eine Umformulierung des Birkhoff'schen Reduktionsproblems. Von besonderem Interesse ist die Berechnung und insbesondere die Zählung der Invarianten bei speziellen skalaren Dgln.

d) Darstellungsfragen und zentrales Verbindungsproblem:
Viele Beispiele lassen darauf schließen, daß sich die Lösungen Y der Standard - Dgl (1) mittels verallgemeinerter Laplacetransformationen darstellen lassen. Die Forschungen in dieser Richtung sind noch nicht abgeschlossen, lassen aber hoffen, daß auf diesem Wege weitere Zusammenhänge zwischen den Koeffizienten B_k und den Invarianten gefunden werden können.

Allgemeiner besteht die Frage nach einer natürlichen Darstellung der Lösungen Y . Setzen wir voraus, daß B_r in (1) die Eigenschaft hat, daß seine Eigenwerte inkongruent mod 1 oder gleich sind. Dann hat die Dgl [B] eine regulär singuläre Stelle bei z = 0 und dort sogar eine Lösung der Form

$$Y(z) = S(z)\, z^{B_r} , \quad S(z) = I + S_1 z + \ldots ,$$

wobei S(z) in der ganzen z-Ebene invertierbar und analytisch ist. Diese Lösung ist nach der Potenzreihenmethode von Frobenius eindeutig berechenbar. Andererseits läßt sich eine formale Lösung H_b wählen, die die zugehörigen Normallösungen Y_ν festlegt. Dann gilt $Y = Y_\nu C_\nu$ mit eindeutig bestimmten konstanten invertierbaren Matrizen C_ν . Die möglichst explizite Berechnung der C_ν , insbesondere von C_0 , ist das zentrale Verbindungsproblem. Die Lösung dieser Aufgabe hängt mit dem verallgemeinerten Riemann'schen Problem zusammen (vgl. 15 e). Geeignete Darstellungen von Y sollten hierbei eine wesentliche Rolle spielen. Dies sind globale Fragen im Gegensatz zu der nur "halbglobalen" Frage, wie das Verbindungssystem über die asymptotischen Ausdrücke die speziellen Matrixfunktionen festlegt.

e) Beispiele:

Wir betrachten den einfachsten Fall, nämlich n = 2 , r = 1 und

$$(4) \qquad B(z) = \begin{bmatrix} \lambda_1 & 0 \\ 0 & \lambda_2 \end{bmatrix} + \frac{1}{z} \begin{bmatrix} \lambda_1' & c'' \\ c' & \lambda_2' \end{bmatrix} , \quad \lambda_1 \neq \lambda_2 .$$

Setzt man

$$\Lambda = \mathrm{diag}[\lambda_1, \lambda_2], \quad \Lambda' = \mathrm{diag}[\lambda_1', \lambda_2'],$$

so gibt es genau eine formale Lösung der Form

$$H(z) = F_b(z)\, z^{\Lambda'}\, e^{\Lambda z}, \quad F_b(z) = I + \sum_{k=1}^{\infty} F_k z^{-k},$$

d.h. $Q(z) = \Lambda z$, $U = I$, $\Lambda' = J + K$, $F_0 P(z) = I$, $\mathfrak{g}_b = \{I\}$.

Wir bestimmen noch α und β aus

$$\alpha + \beta = \lambda_2' - \lambda_1', \quad \alpha\beta = -c'c'',$$

und setzen

$$K_n = \frac{\Gamma(n)}{(\lambda_2 - \lambda_1)^n}\, \mathrm{diag}\left[(-1)^n n^{\lambda_2' - \lambda_1'}, n^{\lambda_1' - \lambda_2'}\right], \quad n \geq 1.$$

Nach [16] gilt dann

$$\lim_{n \to \infty} F_n K_n^{-1} = \begin{bmatrix} 0 & \gamma_2 \\ \gamma_1 & 0 \end{bmatrix}$$

mit

$$\gamma_1 = \frac{c'}{\Gamma(1+\alpha)\,\Gamma(1+\beta)}, \quad \gamma_2 = \frac{c''}{\Gamma(1-\alpha)\,\Gamma(1-\beta)}.$$

Hieran erkennt man das typische asymptotische Verhalten der Koeffizienten der formalen Reihe $F_b(z)$. Geht man zu einer anderen Birkhoff-äquivalenten Dgl über, so haben die Koeffizienten noch das gleiche asymptotische Verhalten, d.h. γ_1 und γ_2 sind Birkhoff-Invarianten; sie bilden zusammen mit Λ und Λ' ein vollständiges Invariantensystem.

Wie man sieht, sind diese Invarianten explizit durch die Koeffizienten von B berechenbar; und zwar sind Λ und Λ' die formalen Invarianten, während γ_1 und γ_2 die eigentlichen Invarianten sind. Insbesondere ist $G_b = z^{\Lambda'} e^{\Lambda z}$, wobei wir voraussetzen, daß

$\mathrm{Re}\ \lambda_1 < \mathrm{Re}\ \lambda_2$ oder $\mathrm{Re}\ \lambda_1 = \mathrm{Re}\ \lambda_2$, $\mathrm{Im}\ \lambda_1 < \mathrm{Im}\ \lambda_2$,

und dementsprechend die a-priori-Anordnung festlegen.

Die Stokes'schen Richtungen in der z-Ebene sind dann

$$\tau_0 = \arg \frac{-i}{\lambda_1 - \lambda_2} \in [0,\pi), \quad \tau_1 = \tau_0 + \pi, \quad m = 2 \quad ;$$

außerdem besteht $\mathcal{S}_0 = \mathcal{S}_2$ aus dem Paar (1,2) und $\mathcal{S}_1$ aus dem Paar (2,1). Daher ist

$$V_1 = \begin{bmatrix} 1 & 0 \\ c_1 & 1 \end{bmatrix}, \quad V_2 = \begin{bmatrix} 1 & c_2 \\ 0 & 1 \end{bmatrix} .$$

Wegen $\mathcal{G}_b = \{I\}$ sind c_1 und c_2 die eigentlichen Invarianten entsprechend unserer allgemeinen Theorie. Diese müssen mit γ_1, γ_2 zusammenhängen, und man findet tatsächlich (wenn man die Potenzen als Hauptwerte interpretiert)

$$c_1 = 2\pi i\ \gamma_1\ (\lambda_2 - \lambda_1)^{\lambda_2' - \lambda_1'}\ e^{i\pi(\lambda_1' - \lambda_2')} ,$$

$$c_2 = 2\pi i\ \gamma_2\ (\lambda_2 - \lambda_1)^{\lambda_1' - \lambda_2'}\ e^{2\pi i(\lambda_2' - \lambda_1')} ,$$

vgl. [1]. Damit sind auch die Matrizen V_1 und V_2 explizit berechnet.

Als nächstes lassen sich die Normallösungen X_ν aufstellen, und zwar am bequemsten durch ihre Laplace-Integral-Darstellungen.

Man kann nun die entsprechenden speziellen Lösungsfunktionen und die dabei auftretenden N,M und die speziellen Matrixfunktionen diskutieren. In diesem Fall läßt sich auch das verallgemeinerte Riemann'sche Problem und das zentrale Verbindungsproblem explizit lösen. Wir bemerken schließlich noch, daß es in diesem Beispiel gerade 6 unabhängige Invarianten gibt, gerade so viele wie freie Parameter in B vorhanden sind. Dem entspricht die Tatsache, daß Dgln der Form (4) nur in besonderen Fällen äquivalent sein können, und dies läßt sich wiederum an den Invarianten ablesen.

Historische Notizen

a) Allgemeine Bemerkungen:

Ausgehend von verschiedenen klassischen Beispielen für Differentialgleichungen zweiter Ordnung wurde die allgemeine Theorie der skalaren meromorphen linearen Differentialgleichungen zunächst im Fall einer regulären Singularität von L. Fuchs [10] und G. Frobenius [9] entwickelt. Im Falle einer irregulären Singularität dauerte die Entwicklung einer entsprechenden Theorie nahezu 50 Jahre: E. Fabry [8] zeigte die Existenz eines Fundamentalsystems linear unabhängiger formaler Lösungen; H. Poincaré [24], [25] bewies unter einschränkenden Voraussetzungen, daß die formalen Lösungen asymptotische Entwicklungen von eigentlichen Lösungen sind; W.J. Trjitzinsky [29] schließlich behandelte als erster den Fall einer irregulären Singularität in voller Allgemeinheit.

Eine Übertragung der Ergebnisse auf Systeme linearer Differentialgleichungen ist schwierig, obwohl jedes solche System meromorph äquivalent ist zu einer skalaren Differentialgleichung (vergl. [7], [20]). Wenn die Singularität von zweiter Art (d.h. $r \geq 1$) ist, kann man zwar durch Algorithmen entscheiden (vergl. [23], [15]), ob die Singularität überhaupt regulär ist. Dies führt aber zu verhältnismäßig komplizierten Bedingungen. Der direkten Berechnung der Lösungen stehen entsprechende Schwierigkeiten im Wege. Nur im Fall einer Singularität erster Art (also $r \leq 0$) führt eine Methode von Gantmacher [11] zum Ziel, die als Verallgemeinerung der Frobenius'schen Methode angesehen werden kann und sich mit dieser unter zusätzlichen Eigenwert-Annahmen deckt.

Im Falle einer irregulären Singularität hat H.L. Turrittin [30] die Existenz formaler Lösungen in voller Allgemeinheit gezeigt (vergl. auch die Darstellungen bei W. Wasow [32] und A.H.M. Levelt [19]). Die verschiedensten Methoden wurden benutzt, um zu zeigen, daß die formalen Lösungen asymptotische Entwicklungen von eigentlichen Lösungen sind: Poincaré stellte die Lösungen als Laplace - Integrale dar, die er dann entwickelte. Mittels verallgemeinerter Laplace-Transformationen wurde diese Methode von J. Horn [13] und Birkhoff [2] weiter ausgebaut, allerdings unter der Voraussetzung verschiedener Eigenwerte der führenden Koeffizientenmatrix. Trjitzinsky [29] benutzte das Produkt-Integral zur Darstellung der Lösungen. Schließlich behandelten J. Malmquist [22] und M. Hukuhara [14] den allgemeinen Fall mittels eines Systems nichtlinearer Integralgleichungen.

In diesem Zusammenhang bestand auch die Frage, wie groß die Winkelöffnung des Sektors gemacht werden kann, in dem die Lösungen eine einheitliche Asymptotik haben. Um dies zu untersuchen, kann man z.B. den Integrationsweg der Laplace-Integrale verändern. Ganz anders ging Birkhoff [2] [5] vor, der eine gegebene Lösung so abänderte, daß sie ihre Asymptotik beim Übergang über eine Stokes'sche Richtung beibehielt. In der letztgenannten Arbeit hat Birkhoff auch die Frage untersucht, in wieweit ein bestimmtes Stokes'sches Phänomen vorgeschrieben werden kann.

Gemäß der Riemann'schen Erkenntnis, daß Funktionen durch ihr Verhalten in der Nähe ihrer regulären Singularitäten charakterisiert werden können, untersuchte Birkhoff [5] ein verallgemeinertes Riemann'sches Problem, bei dem er für die Lösung eines Differentialgleichungssystems ein bestimmtes Verhalten auch an den irregulären Singularitäten vorschreibt. Dabei führte er den Begriff der Äquivalenz ein und versuchte entsprechende Normalformen aufzustellen; siehe dazu auch [2] [3][4] und Turrittin [31] . Die Theorie der Normalformen ist bis heute noch nicht abgeschlossen; dagegen ist es gelungen, durch die Einführung von Invarianten die Singularitäten auch im allgemeinen Fall eindeutig festzulegen. Die eigentlichen Invarianten treten bei der Beschreibung des Stokes'schen Phänomens auf und wurden schon von Birkhoff unter erheblich einschränkenden Voraussetzungen angegeben. Obwohl die allgemeine Theorie viele neue Erscheinungen aufgedeckt hat und dementsprechend auch neue Methoden erforderte, konnten doch die Birkhoff'schen Grundideen immer wieder bestätigt bzw. verallgemeinert werden.

b) Persönliche Bemerkungen:

Die dargestellte Invariantentheorie nahm ihren Anfang im Frühjahr 1972, als Peyerimhoff und Lutz beide bei mir in Syracuse zu Besuch waren. Lutz konnte damals für $n = 2$ zeigen, daß jede meromorphe Dgl analytisch äquivalent ist zu einer Standard-Gleichung vom Typ

$$(1) \qquad B(z) = z^{r-1} \sum_{k=0}^{r} B_k z^{-k} = \frac{1}{z} \sum_{k=0}^{r} B_k z^{r-k}$$

oder gewissen Ausnahmegleichungen, die sich genau beschreiben lassen. Das einfachste Beispiel einer solchen Ausnahmegleichung ist

$$(2) \qquad A(z) = \begin{bmatrix} -\frac{1}{2} & 0 \\ 0 & \frac{1}{2} \end{bmatrix} + \begin{bmatrix} -\frac{1}{2} & 0 \\ 0 & \frac{1}{2} \end{bmatrix} z^{-1} + \begin{bmatrix} 0 & 1 \\ 0 & 0 \end{bmatrix} z^{-2} .$$

Nach verschiedenen gemeinsamen Anstrengungen gelang Peyerimhoff der Beweis, daß (2) zu keiner Gleichung der Form (1) analytisch äquivalent ist, weil alle möglichen formalen Transformationen (und solche gibt es) notwendig divergieren. Bei der Nachanalyse fiel mir auf, daß die Koeffizienten der formalen Reihe für (2) ein anderes Verhalten zeigten als für die Fälle (1). Außerdem hatte ich beobachtet, daß die Größen, die das asymptotische Verhalten der Koeffizienten beschrieben, auch bei der Berechnung der Monodromiematrix auftraten und daher "invariant" sein sollten. Dies konnte ich auch bald direkt nachweisen, und damit waren die Invarianten γ_1 und γ_2 gefunden. Sie ermöglichten tatsächlich, alle Ausnahmebeispiele von den Standardbeispielen zu unterscheiden; aber die Theorie galt zunächst nur für $n = 2$, $r = 1$ und verschiedene Eigenwerte von A_0 .

Beim Verallgemeinern dieser Invarianten, also bei der Diskussion des asymptotischen Verhaltens der Koeffizienten der formalen Reihe traten beträchtliche Schwierigkeiten auf, die bis heute nur teilweise überwunden sind. Dagegen führte die Diskussion des Stokes'schen Phänomens zu einer zweiten Sorte von Invarianten und zu asymptotischen Ausdrücken, durch die sich ganze analytische Matrixfunktionen charakterisieren ließen. Das letztere hatte ich auch schon 1972 beobachtet, konnte aber die zulässigen asymptotischen Ausdrücke noch nicht genau beschreiben. Durch die Kenntnis des Satzes C , der von Sibuya mitgeteilt wurde, ließen sich die Schwierigkeiten bei den asymptotischen Ausdrücken beheben. Trotzdem war die allgemeine Invariantentheorie noch nicht zufriedenstellend. Erst im Sommer 76 gelang es mir, die Struktur der formalen Lösungen aufzudecken. Wichtiger war aber meine Entdeckung des allgemeinen Einzigkeitssatzes im Herbst 76, der die Freiheitsgrade des Verbindungssystems völlig bloß legte.
Die übrigen Resultate habe ich erst im Zusammenhang mit der Vorlesung im Sommer 77 ausgearbeitet. Insgesamt ist zu sagen, daß nur durch die Mithilfe meiner Freunde und Mitarbeiter diese Theorie so schnell zustande kommen konnte.

LITERATURHINWEISE

[1] W. Balser, W.B. Jurkat, and D.A. Lutz, Birkhoff invariants and Stokes' Multipliers for meromorphic linear differential equations, (eingereicht) 87 Seiten.

[2] G.D. Birkhoff, Singular points for ordinary differential equations, Trans. Amer. Math. Soc. 10 (1909) 436-470.

[3] ——————, A theorem on matrices of analytic functions, Math. Ann. 74 (1913) 122-133.

[4] ——————, Equivalent singular points of ordinary differential equations, Math. Ann. 74 (1913) 134-139.

[5] ——————, The generalized Riemann problem for linear differential equations and the allied problems for linear difference and q-difference equations, Proc. Amer. Acad. Arts and Sci. 49 (1913) 531-568.

[6] E.A. Coddington and N. Levinson, Theory of Ordinary Differential Equations, Mc Graw-Hill, New York, 1955.

[7] F.T. Cope, Formal solutions of irregular linear differential equations, Part I, Amer. Jour. Math. 56 (1934) 411-437; Part II, ibid., 58 (1936) 130-140.

[8] E. Fabry, Sur les intégrales des équations differentielles linéaires a coéfficients rationnels, Thèse, Paris, 1885.

[9] G. Frobenius, Über die Integration der linearen Differentialgleichungen durch Reihen, Jour. für die reine u. angew. Math. 76 (1873) 214-235.

[10] L. Fuchs, Zur Theorie der linearen Differentialgleichungen mit veränderlichen Koefficienten, Jour. für die reine u. angew. Math. 66 (1866) 121-16o; 68 (1868) 354-385.

[11] F.R. Gantmacher, Theory of Matrices, vol. I & II, Chelsea, New York, 1959.

[12] R. Gérad and A.H.M. Levelt, Invariants mesurant l'irrégularité en un point singulier des systèmes d'équations différentielles linéaires, Ann. Inst. Fourier, 23 (1973) 157-195

[13] J. Horn, Über die asymptotische Darstellung der Integrale linearer Differentialgleichungen, Acta Math. 24 (1901) 289-308; Journ. für die reine u. angew. Math. 133 (1907) 19-67.

[14] M. Hukuhara, Sur les points singuliers des équations différentielles linéaires, III., Mem. Fac. Sci. Kyusu Univ., 2 (1942) 125-137.

[15] W.B. Jurkat and D.A. Lutz, On the order of solutions of analytic linear differential equations, Proc. London Math. Soc. (3) 22 (1971) 465-482.

[16] W.B. Jurkat, D.A. Lutz, and A. Peyerimhoff, Birkhoff invariants and effective calculations for meromorphic linear differential equations, Part I, Jour. Math. Anal. Appl. 53 (1976) 438-470; Part II, Houston Jour. Math. 2 (1976) 207-238.

[17] W.B. Jurkat, D.A. Lutz, and A. Peyerimhoff, Effective solutions for meromorphic second order differential equations, Lecture notes in Mathematics, Symp. ord. diff. eq. Springer-Verlag 312 (1973) 100-107.

[18] ——————, Invariants and canonical forms for meromorphic second order differential equations, Proc. 2nd Scheveningen Conference on Differential Equations 1975, North-Holland Press (1976) 181-187.

[19] A.H.M. Levelt, Jordan decomposition for a class of singular differential operators, Arkiv för mathematik, 13 (1975) 1-2.

[20] A. Loewy, Begleitmatrizen und lineare homogene Differentialausdrücke, Math. Zeitschr. 7 (1920) 58-125.

[21] C.C. MacDuffee, Theory of Matrices, Chelsea, New York (corrected reprint of First Edition).

[22] J. Malmquist, Sur l'étude analytique des solutions d'un système d'équations différentielles dans le voisinage d'un point singulier d'indétermination. Acta Math. 73 (1940) 87-129.

[23] J. Moser, The order of the singularity in Fuchs' Theory, Math. Zeitschr. 72 (1960) 379-398.

[24] H. Poincaré, Sur les équations linéaires aux différentielles ordinaires et aux différences finies, Amer. Jour. Math. 7 (1885) 203-258.

[25] ――――――――, Sur les intégrales irregulières des équations linéaires, Acta Math. 8 (1886) 295-344.

[26] Y. Sibuya, Global Theory of Second Order Linear Ordinary Differential Equations with a Polynomial Coefficient, North-Holland Publ. Co., Amsterdam, 1975.

[27] ――――――――, Linear Differential Equations in the Complex Domain; Problems of Analytic Continuation (in Japanese), Kinokuniya, Tokyo.

[28] ――――――――, Stokes' Phenomena, Bull. A.M.S. (to appear).

[29] W.J. Trjitzinsky, Analytic Theory of Linear Differential Equations, Acta Math. 62 (1933) 167-226.

[30] H.L. Turrittin, Convergent solutions of ordinary linear homogeneous differential equations in the neighborhood of an irregular singular point, Acta Math. 93 (1955) 27-66

[31] ――――――――, Reduction of ordinary differential equations to the Birkhoff canonical form, Trans. Amer. Math. Soc. 107 (1963) 485-507.

[32] W. Wasow, Asymptotic expansions for ordinary differential equations, J. Wiley, New York, 1965.

[33] ――――――――, Connection problems for asymptotic series, Bull. Amer. Math. Soc. 74 (1968) 831-853; außerdem siehe auch die dort genannte Literatur.

Index

Hauptergebnisse:

Wichtige Bezeichnungen:

Vol. 460: O. Loos, Jordan Pairs. XVI, 218 pages. 1975.

Vol. 461: Computational Mechanics. Proceedings 1974. Edited by J. T. Oden. VII, 328 pages. 1975.

Vol. 462: P. Gérardin, Construction de Séries Discrètes p-adiques. »Sur les séries discrètes non ramifiées des groupes réductifs déployés p-adiques«. III, 180 pages. 1975.

Vol. 463: H.-H. Kuo, Gaussian Measures in Banach Spaces. VI, 224 pages. 1975.

Vol. 464: C. Rockland, Hypoellipticity and Eigenvalue Asymptotics. III, 171 pages. 1975.

Vol. 465: Séminaire de Probabilités IX. Proceedings 1973/74. Edité par P. A. Meyer. IV, 589 pages. 1975.

Vol. 466: Non-Commutative Harmonic Analysis. Proceedings 1974. Edited by J. Carmona, J. Dixmier and M. Vergne. VI, 231 pages. 1975.

Vol. 467: M. R. Essén, The Cos $\pi\lambda$ Theorem. With a paper by Christer Borell. VII, 112 pages. 1975.

Vol. 468: Dynamical Systems – Warwick 1974. Proceedings 1973/74. Edited by A. Manning. X, 405 pages. 1975.

Vol. 469: E. Binz, Continuous Convergence on C(X). IX, 140 pages. 1975.

Vol. 470: R. Bowen, Equilibrium States and the Ergodic Theory of Anosov Diffeomorphisms. III, 108 pages. 1975.

Vol. 471: R. S. Hamilton, Harmonic Maps of Manifolds with Boundary. III, 168 pages. 1975.

Vol. 472: Probability-Winter School. Proceedings 1975. Edited by Z. Ciesielski, K. Urbanik, and W. A. Woyczyński. VI, 283 pages. 1975.

Vol. 473: D. Burghelea, R. Lashof, and M. Rothenberg, Groups of Automorphisms of Manifolds. (with an appendix by E. Pedersen) VII, 156 pages. 1975.

Vol. 474: Séminaire Pierre Lelong (Analyse) Année 1973/74. Edité par P. Lelong. VI, 182 pages. 1975.

Vol. 475: Répartition Modulo 1. Actes du Colloque de Marseille-Luminy, 4 au 7 Juin 1974. Edité par G. Rauzy. V, 258 pages. 1975. 1975.

Vol. 476: Modular Functions of One Variable IV. Proceedings 1972. Edited by B. J. Birch and W. Kuyk. V, 151 pages. 1975.

Vol. 477: Optimization and Optimal Control. Proceedings 1974. Edited by R. Bulirsch, W. Oettli, and J. Stoer. VII, 294 pages. 1975.

Vol. 478: G. Schober, Univalent Functions – Selected Topics. V, 200 pages. 1975.

Vol. 479: S. D. Fisher and J. W. Jerome, Minimum Norm Extremals in Function Spaces. With Applications to Classical and Modern Analysis. VIII, 209 pages. 1975.

Vol. 480: X. M. Fernique, J. P. Conze et J. Gani, Ecole d'Eté de Probabilités de Saint-Flour IV-1974. Edité par P.-L. Hennequin. XI, 293 pages. 1975.

Vol. 481: M. de Guzmán, Differentiation of Integrals in R^n. XII, 226 pages. 1975.

Vol. 482: Fonctions de Plusieurs Variables Complexes II. Séminaire François Norguet 1974–1975. IX, 367 pages. 1975.

Vol. 483: R. D. M. Accola, Riemann Surfaces, Theta Functions, and Abelian Automorphisms Groups. III, 105 pages. 1975.

Vol. 484: Differential Topology and Geometry. Proceedings 1974. Edited by G. P. Joubert, R. P. Moussu, and R. H. Roussarie. IX, 287 pages. 1975.

Vol. 485: J. Diestel, Geometry of Banach Spaces – Selected Topics. XI, 282 pages. 1975.

Vol. 486: S. Stratila and D. Voiculescu, Representations of AF-Algebras and of the Group U (∞). IX, 169 pages. 1975.

Vol. 487: H. M. Reimann und T. Rychener, Funktionen beschränkter mittlerer Oszillation. VI, 141 Seiten. 1975.

Vol. 488: Representations of Algebras, Ottawa 1974. Proceedings 1974. Edited by V. Dlab and P. Gabriel. XII, 378 pages. 1975.

Vol. 489: J. Bair and R. Fourneau, Etude Géométrique des Espaces Vectoriels. Une Introduction. VII, 185 pages. 1975.

Vol. 490: The Geometry of Metric and Linear Spaces. Proceedings 1974. Edited by L. M. Kelly. X, 244 pages. 1975.

Vol. 491: K. A. Broughan, Invariants for Real-Generated Uniform Topological and Algebraic Categories. X, 197 pages. 1975.

Vol. 492: Infinitary Logic: In Memoriam Carol Karp. Edited by D. W. Kueker. VI, 206 pages. 1975.

Vol. 493: F. W. Kamber and P. Tondeur, Foliated Bundles and Characteristic Classes. XIII, 208 pages. 1975.

Vol. 494: A Cornea and G. Licea. Order and Potential Resolvent Families of Kernels. IV, 154 pages. 1975.

Vol. 495: A. Kerber, Representations of Permutation Groups II. V, 175 pages. 1975.

Vol. 496: L. H. Hodgkin and V. P. Snaith, Topics in K-Theory. Two Independent Contributions. III, 294 pages. 1975.

Vol. 497: Analyse Harmonique sur les Groupes de Lie. Proceedings 1973–75. Edité par P. Eymard et al. VI, 710 pages. 1975.

Vol. 498: Model Theory and Algebra. A Memorial Tribute to Abraham Robinson. Edited by D. H. Saracino and V. B. Weispfenning. X, 463 pages. 1975.

Vol. 499: Logic Conference, Kiel 1974. Proceedings. Edited by G. H. Müller, A. Oberschelp, and K. Potthoff. V, 651 pages 1975.

Vol. 500: Proof Theory Symposion, Kiel 1974. Proceedings. Edited by J. Diller and G. H. Müller. VIII, 383 pages. 1975.

Vol. 501: Spline Functions, Karlsruhe 1975. Proceedings. Edited by K. Böhmer, G. Meinardus, and W. Schempp. VI, 421 pages. 1976.

Vol. 502: János Galambos, Representations of Real Numbers by Infinite Series. VI, 146 pages. 1976.

Vol. 503: Applications of Methods of Functional Analysis to Problems in Mechanics. Proceedings 1975. Edited by P. Germain and B. Nayroles. XIX, 531 pages. 1976.

Vol. 504: S. Lang and H. F. Trotter, Frobenius Distributions in GL_2-Extensions. III, 274 pages. 1976.

Vol. 505: Advances in Complex Function Theory. Proceedings 1973/74. Edited by W. E. Kirwan and L. Zalcman. VIII, 203 pages. 1976.

Vol. 506: Numerical Analysis, Dundee 1975. Proceedings. Edited by G. A. Watson. X, 201 pages. 1976.

Vol. 507: M. C. Reed, Abstract Non-Linear Wave Equations. VI, 128 pages. 1976.

Vol. 508: E. Seneta, Regularly Varying Functions. V, 112 pages. 1976.

Vol. 509: D. E. Blair, Contact Manifolds in Riemannian Geometry. VI, 146 pages. 1976.

Vol. 510: V. Poènaru, Singularités C^∞ en Présence de Symétrie. V, 174 pages. 1976.

Vol. 511: Séminaire de Probabilités X. Proceedings 1974/75. Edité par P. A. Meyer. VI, 593 pages. 1976.

Vol. 512: Spaces of Analytic Functions, Kristiansand, Norway 1975. Proceedings. Edited by O. B. Bekken, B. K. Øksendal, and A. Stray. VIII, 204 pages. 1976.

Vol. 513: R. B. Warfield, Jr. Nilpotent Groups. VIII, 115 pages. 1976.

Vol. 514: Séminaire Bourbaki vol. 1974/75. Exposés 453 – 470. IV, 276 pages. 1976.

Vol. 515: Bäcklund Transformations. Nashville, Tennessee 1974. Proceedings. Edited by R. M. Miura. VIII, 295 pages. 1976.

Vol. 516: M. L. Silverstein, Boundary Theory for Symmetric Markov Processes. XVI, 314 pages. 1976.

Vol. 517: S. Glasner, Proximal Flows. VIII, 153 pages. 1976.

Vol. 518: Séminaire de Théorie du Potentiel, Proceedings Paris 1972–1974. Edité par F. Hirsch et G. Mokobodzki. VI, 275 pages. 1976.

Vol. 519: J. Schmets, Espaces de Fonctions Continues. XII, 150 pages. 1976.

Vol. 520: R. H. Farrell, Techniques of Multivariate Calculation. X, 337 pages. 1976.

Vol. 521: G. Cherlin, Model Theoretic Algebra – Selected Topics. IV, 234 pages. 1976.

Vol. 522: C. O. Bloom and N. D. Kazarinoff, Short Wave Radiation Problems in Inhomogeneous Media: Asymptotic Solutions. V. 104 pages. 1976.

Vol. 523: S. A. Albeverio and R. J. Høegh-Krohn, Mathematical Theory of Feynman Path Integrals. IV, 139 pages. 1976.

Vol. 524: Séminaire Pierre Lelong (Analyse) Année 1974/75. Edité par P. Lelong. V, 222 pages. 1976.

Vol. 525: Structural Stability, the Theory of Catastrophes, and Applications in the Sciences. Proceedings 1975. Edited by P. Hilton. VI, 408 pages. 1976.

Vol. 526: Probability in Banach Spaces. Proceedings 1975. Edited by A. Beck. VI, 290 pages. 1976.

Vol. 527: M. Denker, Ch. Grillenberger, and K. Sigmund, Ergodic Theory on Compact Spaces. IV, 360 pages. 1976.

Vol. 528: J. E. Humphreys, Ordinary and Modular Representations of Chevalley Groups. III, 127 pages. 1976.

Vol. 529: J. Grandell, Doubly Stochastic Poisson Processes. X, 234 pages. 1976.

Vol. 530: S. S. Gelbart, Weil's Representation and the Spectrum of the Metaplectic Group. VII, 140 pages. 1976.

Vol. 531: Y.-C. Wong, The Topology of Uniform Convergence on Order-Bounded Sets. VI, 163 pages. 1976.

Vol. 532: Théorie Ergodique. Proceedings 1973/1974. Edité par J.-P. Conze and M. S. Keane. VIII, 227 pages. 1976.

Vol. 533: F. R. Cohen, T. J. Lada, and J. P. May, The Homology of Iterated Loop Spaces. IX, 490 pages. 1976.

Vol. 534: C. Preston, Random Fields. V, 200 pages. 1976.

Vol. 535: Singularités d'Applications Differentiables. Plans-sur-Bex. 1975. Edité par O. Burlet et F. Ronga. V, 253 pages. 1976.

Vol. 536: W. M. Schmidt, Equations over Finite Fields. An Elementary Approach. IX, 267 pages. 1976.

Vol. 537: Set Theory and Hierarchy Theory. Bierutowice, Poland 1975. A Memorial Tribute to Andrzej Mostowski. Edited by W. Marek, M. Srebrny and A. Zarach. XIII, 345 pages. 1976.

Vol. 538: G. Fischer, Complex Analytic Geometry. VII, 201 pages. 1976.

Vol. 539: A. Badrikian, J. F. C. Kingman et J. Kuelbs, Ecole d'Eté de Probabilités de Saint Flour V-1975. Edité par P.-L. Hennequin. IX, 314 pages. 1976.

Vol. 540: Categorical Topology, Proceedings 1975. Edited by E. Binz and H. Herrlich. XV, 719 pages. 1976.

Vol. 541: Measure Theory, Oberwolfach 1975. Proceedings. Edited by A. Bellow and D. Kölzow. XIV, 430 pages. 1976.

Vol. 542: D. A. Edwards and H. M. Hastings, Čech and Steenrod Homotopy Theories with Applications to Geometric Topology. VII, 296 pages. 1976.

Vol. 543: Nonlinear Operators and the Calculus of Variations, Bruxelles 1975. Edited by J. P. Gossez, E. J. Lami Dozo, J. Mawhin, and L. Waelbroeck, VII, 237 pages. 1976.

Vol. 544: Robert P. Langlands, On the Functional Equations Satisfied by Eisenstein Series. VII, 337 pages. 1976.

Vol. 545: Noncommutative Ring Theory. Kent State 1975. Edited by J. H. Cozzens and F. L. Sandomierski. V, 212 pages. 1976.

Vol. 546: K. Mahler, Lectures on Transcendental Numbers. Edited and Completed by B. Diviš and W. J. Le Veque. XXI, 254 pages. 1976.

Vol. 547: A. Mukherjea and N. A. Tserpes, Measures on Topological Semigroups: Convolution Products and Random Walks. V, 197 pages. 1976.

Vol. 548: D. A. Hejhal, The Selberg Trace Formula for PSL (2,ℝ). Volume I. VI, 516 pages. 1976.

Vol. 549: Brauer Groups, Evanston 1975. Proceedings. Edited by D. Zelinsky. V, 187 pages. 1976.

Vol. 550: Proceedings of the Third Japan – USSR Symposium on Probability Theory. Edited by G. Maruyama and J. V. Prokhorov. VI, 722 pages. 1976.

Vol. 551: Algebraic K-Theory, Evanston 1976. Proceedings. Edited by M. R. Stein. XI, 409 pages. 1976.

Vol. 552: C. G. Gibson, K. Wirthmüller, A. A. du Plessis and E. J. N. Looijenga. Topological Stability of Smooth Mappings. V, 155 pages. 1976.

Vol. 553: M. Petrich, Categories of Algebraic Systems. Vector and Projective Spaces, Semigroups, Rings and Lattices. VIII, 217 pages. 1976.

Vol. 554: J. D. H. Smith, Mal'cev Varieties. VIII, 158 pages. 1976.

Vol. 555: M. Ishida, The Genus Fields of Algebraic Number Fields. VII, 116 pages. 1976.

Vol. 556: Approximation Theory. Bonn 1976. Proceedings. Edited by R. Schaback and K. Scherer. VII, 466 pages. 1976.

Vol. 557: W. Iberkleid and T. Petrie, Smooth S^1 Manifolds. III, 163 pages. 1976.

Vol. 558: B. Weisfeiler, On Construction and Identification of Graphs. XIV, 237 pages. 1976.

Vol. 559: J.-P. Caubet, Le Mouvement Brownien Relativiste. IX, 212 pages. 1976.

Vol. 560: Combinatorial Mathematics, IV, Proceedings 1975. Edited by L. R. A. Casse and W. D. Wallis. VII, 249 pages. 1976.

Vol. 561: Function Theoretic Methods for Partial Differential Equations. Darmstadt 1976. Proceedings. Edited by V. E. Meister, N. Weck and W. L. Wendland. XVIII, 520 pages. 1976.

Vol. 562: R. W. Goodman, Nilpotent Lie Groups: Structure and Applications to Analysis. X, 210 pages. 1976.

Vol. 563: Séminaire de Théorie du Potentiel. Paris, No. 2. Proceedings 1975–1976. Edited by F. Hirsch and G. Mokobodzki. VI, 292 pages. 1976.

Vol. 564: Ordinary and Partial Differential Equations, Dundee 1976. Proceedings. Edited by W. N. Everitt and B. D. Sleeman. XVIII, 551 pages. 1976.

Vol. 565: Turbulence and Navier Stokes Equations. Proceedings 1975. Edited by R. Temam. IX, 194 pages. 1976.

Vol. 566: Empirical Distributions and Processes. Oberwolfach 1976. Proceedings. Edited by P. Gaenssler and P. Révész. VII, 146 pages. 1976.

Vol. 567: Séminaire Bourbaki vol. 1975/76. Exposés 471–488. IV, 303 pages. 1977.

Vol. 568: R. E. Gaines and J. L. Mawhin, Coincidence Degree, and Nonlinear Differential Equations. V, 262 pages. 1977.

Vol. 569: Cohomologie Etale SGA 4½. Séminaire de Géométrie Algébrique du Bois-Marie. Edité par P. Deligne. V, 312 pages. 1977.

Vol. 570: Differential Geometrical Methods in Mathematical Physics, Bonn 1975. Proceedings. Edited by K. Bleuler and A. Reetz. VIII, 576 pages. 1977.

Vol. 571: Constructive Theory of Functions of Several Variables, Oberwolfach 1976. Proceedings. Edited by W. Schempp and K. Zeller. VI, 290 pages. 1977

Vol. 572: Sparse Matrix Techniques, Copenhagen 1976. Edited by V. A. Barker. V, 184 pages. 1977.

Vol. 573: Group Theory, Canberra 1975. Proceedings. Edited by R. A. Bryce, J. Cossey and M. F. Newman. VII, 146 pages. 1977.

Vol. 574: J. Moldestad, Computations in Higher Types. IV, 203 pages. 1977.

Vol. 575: K-Theory and Operator Algebras, Athens, Georgia 1975. Edited by B. B. Morrel and I. M. Singer. VI, 191 pages. 1977.

Vol. 576: V. S. Varadarajan, Harmonic Analysis on Real Reductive Groups. VI, 521 pages. 1977.

Vol. 577: J. P. May, E_∞ Ring Spaces and E_∞ Ring Spectra. IV, 268 pages. 1977.

Vol. 578: Séminaire Pierre Lelong (Analyse) Année 1975/76. Edité par P. Lelong. VI, 327 pages. 1977.

Vol. 579: Combinatoire et Représentation du Groupe Symétrique, Strasbourg 1976. Proceedings 1976. Edité par D. Foata. IV, 339 pages. 1977.